普通高等教育人工智能与大数据系列教材

大数据的 Python 基础

第 2 版　微课版

董付国　编著

机械工业出版社
CHINA MACHINE PRESS

全书共 11 章。第 1 章介绍 Python 开发环境的搭建、简单使用和 Python 代码规范；第 2 章讲解 Python 内置对象与运算符的使用；第 3 章讲解列表、元组、列表推导式与生成器表达式以及切片和序列解包的用法；第 4 章讲解字典应用；第 5 章讲解集合应用；第 6 章讲解字符串应用；第 7 章讲解选择结构与循环结构语法和应用；第 8 章讲解函数设计与应用；第 9 章讲解文本文件操作、Office 文档操作以及文件夹操作；第 10 章讲解 NumPy 数组运算与矩阵运算；第 11 章讲解 Pandas 数据分析与处理。

本书全部代码适用于 Python 3.5/3.6/3.7/3.8/3.9/3.10/3.11 以及更新的版本。本书可以作为数据科学与大数据技术专业和计算机、电子信息等其他相关专业的 Python 程序设计课程教材，也可以作为相关的工程技术人员学习 Python 程序设计时的快速入门参考书。

本书为任课教师提供教学大纲、教案、课件、微课视频、源码、习题答案、在线练习与考试系统，可以通过登录 www.cmpedu.com 注册后下载，或联系笔者免费获取。

图书在版编目（CIP）数据

大数据的 Python 基础：微课版 / 董付国编著. —2 版. —北京：机械工业出版社，2023.4（2024.6 重印）

普通高等教育人工智能与大数据系列教材

ISBN 978-7-111-72865-8

Ⅰ. ①大…　Ⅱ. ①董…　Ⅲ. ①软件工具—程序设计—高等学校—教材 Ⅳ. ①TP311.561

中国国家版本馆 CIP 数据核字（2023）第 051227 号

机械工业出版社（北京市百万庄大街 22 号　邮政编码 100037）

策划编辑：吉　玲　　　　责任编辑：吉　玲

责任校对：龚思文　李　婷　　封面设计：张　静

责任印制：常天培

北京机工印刷厂有限公司印刷

2024 年 6 月第 2 版第 2 次印刷

184mm×260mm · 12.5 印张 · 306 千字

标准书号：ISBN 978-7-111-72865-8

定价：42.00 元

电话服务	网络服务
客服电话：010-88361066	机　工　官　网：www.cmpbook.com
010-88379833	机　工　官　博：weibo.com/cmp1952
010-68326294	金　　书　　网：www.golden-book.com
封底无防伪标均为盗版	机工教育服务网：www.cmpedu.com

前　言

本书是机械工业出版社策划的普通高等教育人工智能与大数据系列教材中的一本，根据丛书的总体设计，本书定名为《大数据的 Python 基础》。虽然在整理内容时确实适当增加了数据分析与处理需要用到的 Python 基础知识和相关案例，但实际上大部分内容是使用 Python 做任何领域的开发都要用到的基础，毕竟基础语法知识是通用的。

阅读本书时，如果出现了没有讲到的内容，那是正常的。因为每一段代码和每一道例题的设计都是为了演示尽可能多的知识和用法，而不仅仅是解释刚刚介绍的知识点。笔者个人建议，本书的内容至少要阅读三遍。第一遍通览全书，快速了解总体内容和知识框架，并大概了解一些术语和基本概念。第二遍仔细阅读并认真练习每一段代码和每一道例题，动手输入并运行这些代码，确保结果正确。第三遍重点体会书上的代码为什么要这样写，想想还有没有更好的写法，思考一下每个代码片段主要解决了什么问题，不同代码片段和例题的代码进行不同的组合与集成又可以解决哪些问题。

本书全部代码适用于 Python 3.5/3.6/3.7/3.8/3.9/3.10/3.11 以及更新的版本，可以作为 Python 爱好者的快速入门参考书，也可以作为数据科学与大数据技术专业和计算机、电子信息等其他相关专业的 Python 程序设计课程教材。作为教材时，建议采用 32 学时或 48 学时。

本书为任课教师提供教学大纲、教案、课件、微课视频、源码、习题答案、在线练习与考试系统，可以通过登录 www.cmpedu.com 注册后下载，或联系笔者免费获取。

教育、科技、人才是全面建设社会主义现代化国家的基础性、战略性支撑，育人的根本在于立德。教材是人才培养的重要载体，为此，我录制了视频，讲解和演示如何在课程中融入思政元素，请手机扫描以下“课程思政”二维码，观看“课程思政”相关视频。

欢迎关注笔者的微信公众号“Python 小屋”，免费阅读超过 1300 篇原创 Python 技术文章或者免费观看超过 700 节 Python 微课。如果广大读者朋友和用书教师发现书中不足之处，欢迎通过微信公众号留言或者用电子邮箱 dongfuguo2005@126.com 与笔者联系，在此表示衷心感谢！

董付国

Python 小屋　　　　课程思政

学时分配建议

本书内容适用于 32 学时或 48 学时的 Python 程序设计课程，采用 32 学时教学请参考下表第 2 列，采用 48 学时教学请参考第 3 列。另外，建议搭配 16 学时的上机练习（有教师指导），以及至少 48 学时的课外阅读或练习时间（无教师指导），这样才能保证学习效果，为后续课程打下良好的基础。

建议把较多精力放在第 2、3、4、6、8、9 章的内容讲解上，具体学时分配可根据教学进度和学习效果进行适当调整。

章次	学时（32）	学时（48）	上机（16）	课外（48）
第 1 章　Python 开发环境搭建与使用	2	2		4
第 2 章　Python 常用内置对象与运算符	4	6	2	4
第 3 章　列表与元组	4	6	2	6
第 4 章　字典	2	2	2	2
第 5 章　集合	2	4		2
第 6 章　字符串	3	4	2	6
第 7 章　程序控制结构	2	4	2	4
第 8 章　函数设计与应用	4	6	2	4
第 9 章　文件与文件夹操作	4	6	2	8
第 10 章　NumPy 数组运算与矩阵运算	2	4		2
第 11 章　Pandas 数据分析与处理	3	4	2	6

目　录

第 1 章　Python 开发环境搭建与使用

本章学习目标

- 了解 Python 语言的特点
- 了解 Python 语言的应用领域
- 熟练安装和配置 Python 开发环境
- 熟练使用 IDLE、Jupyter Notebook、Spyder 等开发环境
- 熟练安装常用的 Python 扩展库
- 了解 Python 代码编写规范
- 熟练掌握导入和使用 Python 标准库与扩展库对象的方法

1.1　Python 语言概述

Python 是一门跨平台、开源、免费的解释型高级动态编程语言，是一种通用编程语言。Python 目前已经渗透到系统安全、数值计算、统计分析、科学计算可视化、逆向工程与软件分析、图形图像处理、人工智能、机器学习、网站开发、数据爬取与大数据处理、密码学、系统运维、音乐编程、影视特效制作、计算机辅助教育、医药辅助设计、天文信息处理、化学、生物信息处理、神经科学与心理学、自然语言处理、电子电路设计、电子取证、游戏设计与策划、移动终端开发、树莓派开发等几乎所有专业和领域，在大数据和人工智能领域更是首选程序设计语言。

除了可以解释执行，Python 支持将源代码伪编译为字节码来提高加载速度，还支持使用 py2exe、pyinstaller、Nuitka、cx_Freeze、py2app 或其他工具将 Python 程序及其所有依赖库打包成为各种平台上的可执行文件。

Python 支持命令式编程和函数式编程两种模式（推荐使用后者），完全支持面向对象程序设计，语法简洁清晰，功能强大且易学易用，最重要的是拥有大量的几乎支持所有领域应用开发的成熟扩展库。如果刚刚接触 Python 语言，甚至初次接触编程，可能本章提到的一些概念会比较陌生。不过没关系，一些术语可以先跳过去，随着后面章节的展开，会很快就熟悉这些概念了，也可以直接阅读附录 A 中的介绍。

2020 年 4 月 28 日，Python 2.7 系列最后一个版本 2.7.18 发布的同时，官方团队宣布不再提供相应版本的后续更新，意味着该系列全面退出历史舞台。本书开始改版时，最高版本是稳定版 Python 3.5.10/3.6.15/3.7.13/3.8.13/3.9.13/3.10.5 和测试版 Python 3.11.b5，并且 Python 3.12 已经开始研发。本书代码适用于 Python 3.5 以上版本，少量代码用到了 Python 3.8 或者更高版本的特性，如果条件允许的话，建议安装和使用尽可能高的稳定版本。

1.2 Python 开发环境搭建

常用的 Python 开发环境除了 Python 官方安装包自带的 IDLE，还有 Anaconda3、PyCharm、Eclipse、zwPython、wing IDE、VS Code 等。相对来说，Python 安装包自带的 IDLE 环境稍微简陋一些，虽然也提供了语法高亮（使用不同的颜色显示不同的语法元素）、交互式运行、程序编写与运行以及简单的程序调试功能，但没有项目管理与版本控制等功能，而这些在大型软件开发中是非常重要的。其他 Python 开发环境对 Python 解释器主程序进行了不同程度的封装和集成，使得代码编写和项目管理更加方便一些。本节简单介绍 IDLE 和 Anaconda3 的用法，书中代码主要通过 Win 10+Python 3.9/64 位+IDLE 演示，同样也可以在 Python 的其他开发环境中运行。

1.2.1 IDLE

IDLE 应该算是最原生态的 Python 开发环境之一，没有集成任何扩展库，也不具备强大的项目管理功能，如果用来开发大型系统的话，要求用户具有深厚的 Python 功底和项目管理能力。

在 Python 官方网站 https://www.python.org/下载最新的 Python 3.9.x 安装包（根据自己计算机操作系统选择 Windows、Mac OS X 或其他平台以及 32 位或 64 位）并安装（建议安装路径为 C:\Python39）后，在“开始”菜单中可以打开 IDLE，如图 1-1 所示。

图 1-1 “开始”菜单中的 IDLE

打开之后看到的界面就是默认的交互式开发环境，图 1-2 展示了 Python 3.9 的 IDLE 交互式开发界面，其他版本与此基本类似（3.10 之后的版本略有不同，但用法类似）。

```
IDLE Shell 3.9.13
File Edit Shell Debug Options Window Help
Python 3.9.13 (tags/v3.9.13:6de2ca5, May 17 2022, 16:36:42) [MSC v.1929 64 bit (AMD64)] on win32
Type "help", "copyright", "credits" or "license()" for more information.
>>> print(3 + 5)
8
>>> print(sum(map(int, str(12345))))
15
>>> import math
>>> math.gcd(24, 36, 48)
12
>>> math.factorial(123)
1214630436702532967576624324188129585545421708848338231532891816182923589236216766883115696061264
0202170735835221294047782591091570411651472186029519906261646730733907419814952960000000000000000
000000000000
>>> from operator import add
>>> list(map(add, range(1, 6), range(11, 16)))
[12, 14, 16, 18, 20]
>>>
```

图 1-2　IDLE 交互式开发界面

在交互式开发环境中，“>>>”表示提示符，可以在提示符后面输入语句然后按<Enter>键执行。在交互式开发环境中，每次只能执行一条语句，必须等再次出现提示符“>>>”时才可以输入下一条语句。普通语句可以直接按<Enter>键运行并立刻输出结果，选择结构、循环结构、异常处理结构、函数定义、类定义、with 块等属于一条复合语句，需要按两次<Enter>键才能执行。

如果要编写和执行大段代码，一般很难一次顺利完成，可能需要反复修改代码并查看运行结果，也可能需要保存为文件以备日后使用，或者使用多个程序文件组成更大的项目。可以在 IDLE 中单击菜单“File”==>“New File”命令创建一个程序文件，将其保存为扩展名为.py 或.pyw 的文件，注意文件名不要和标准库或已安装的扩展库文件名相同，否则会影响运行。保存后按<F5>键或单击菜单“Run”==>“Run Module”命令运行程序，然后结果会显示到交互式窗口中，如图 1-3 所示。在交互式开发环境中把一个表达式作为语句运行可以直接看到结果，而在程序中如果需要查看某个值，必须使用内置函数 print()将其输出，结果才会显示到交互式开发环境中。

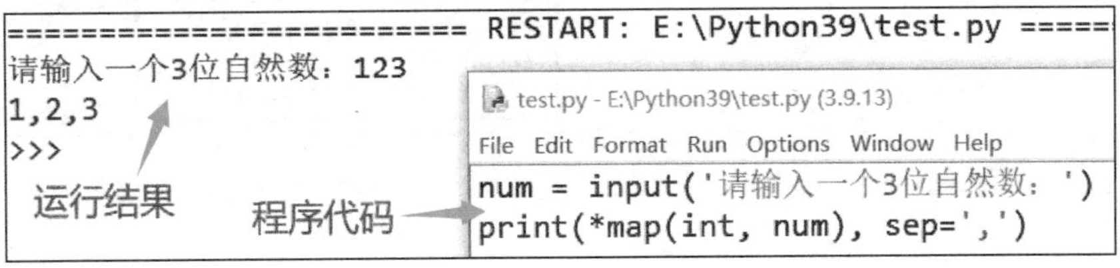

图 1-3　使用 IDLE 编写和运行 Python 程序

1.2.2　Anaconda3

Anaconda3 安装包集成了大量常用的 Python 扩展库，大幅度节约了扩展库安装和配置的时间，主要提供了 Jupyter Notebook 和 Spyder 两个开发环境，得到了广大初学者和教学、科研人员的喜爱，是比较流行的 Python 开发环境。使用浏览器打开官方网站 https://www.anaconda.com/download/下载合适版本并安装，然后从“开始”菜单中启动 Jupyter Notebook 或 Spyder 即可，如图 1-4 所示。

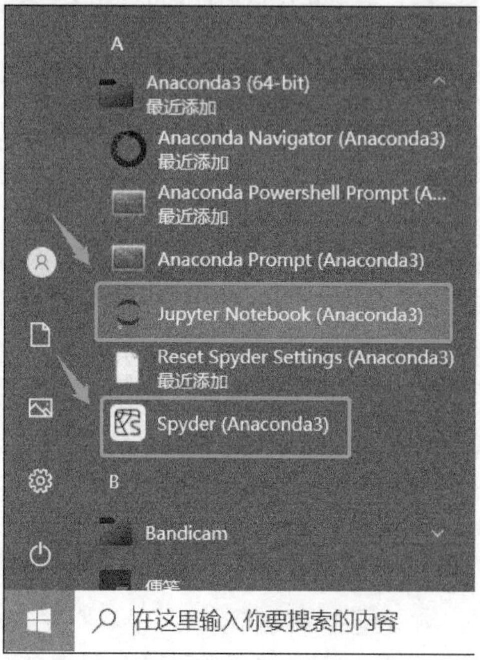

图 1-4 “开始”菜单中的 Anaconda3

1. Jupyter Notebook

启动 Jupyter Notebook 会自动启动浏览器并打开一个网页，在该网页右上角单击菜单“New”然后选择“Python 3”命令打开一个新窗口，如图 1-5 所示。在该窗口中即可编写和运行 Python 代码，如图 1-6 所示。每个 cell 中可以编写一段独立运行的代码，但是前面的 cell 运行结果会影响后面的 cell，也就是前面 cell 中定义的变量在后面的 cell 中仍可以访问，这一点要注意。另外，还可以通过菜单“File”==>“Download as”命令把当前代码以及运行结果保存为不同形式的文件，方便日后学习和演示。

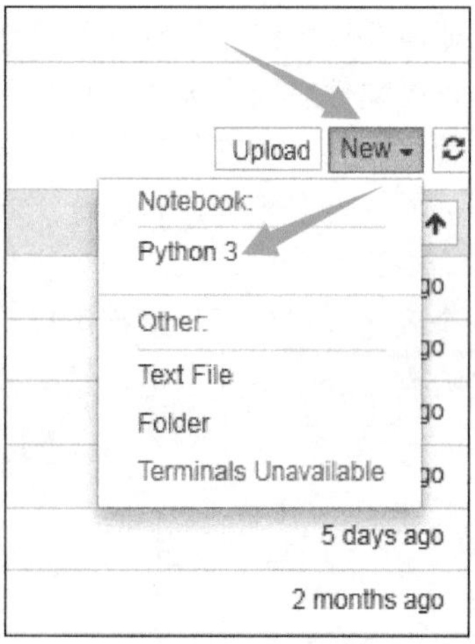

图 1-5 Jupyter Notebook 主页面右上角菜单

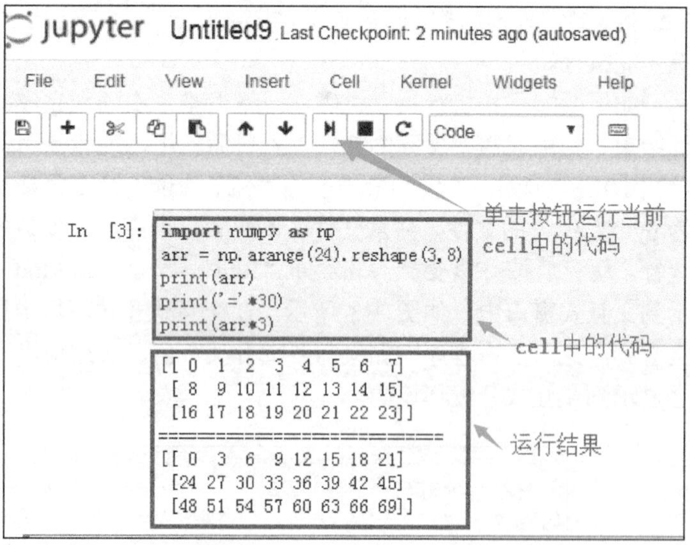

图 1-6 Jupyter Notebook 运行界面

2. Spyder

Anaconda3 自带的集成开发环境 Spyder 同时提供了交互式开发界面和程序编写与运行界面，以及程序调试和项目管理功能，使用更加方便。在图 1-7 中，箭头 1 表示交互式运行，箭头 2 表示程序编写窗口，单击工具栏中绿色的“▶”按钮（箭头 3）运行程序并在交互式窗口显示运行结果，如箭头 4 所示。

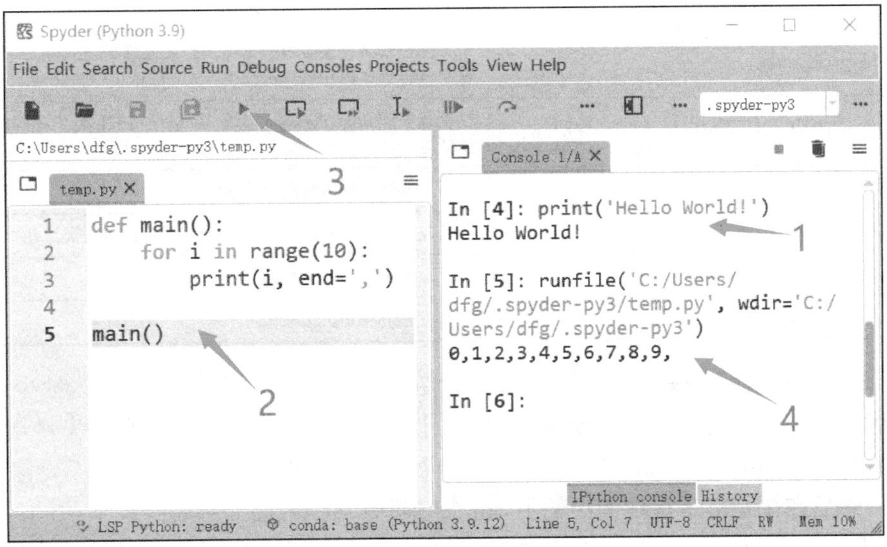

图 1-7　Spyder 运行界面

1.3　安装扩展库

在 Python 中，库或模块是指一个包含若干函数定义、类定义或常量的 Python 源程序文件或文件夹（内置模块直接封装在解释器程序中）。除了 math（数学模块）、random（与随机数以及随机化有关的模块）、datetime（日期时间模块）、collections（包含更多扩展版本序列的模块）、functools（与函数以及函数式编程有关的模块）、urllib（与网页内容读取以及网页地址解析有关的模块）、itertools（与序列迭代有关的模块）、re（正则表达式模块）、os.path（与文件、文件夹有关的模块）、pickle（二进制文件序列化与反序列化模块）、zlib（数据压缩模块）、hashlib（安全散列与报文摘要模块）、threading（多线程编程模块）、socket（套接字编程模块）、tkinter（GUI 编程模块）、sqlite3（操作 SQLite 数据库的模块）、csv（读写 CSV 文件的模块）、json（读写 JSON 文件的模块）等大量内置模块和标准库之外，Python 还有 openpyxl（用于读写 Excel 文件）、python-docx（用于读写 Word 文件）、pymssql（用于操作 Microsoft SQL Server 数据库）、NumPy（用于数组计算与矩阵计算）、SciPy（用于科学计算）、Pandas（用于数据分析）、Matplotlib（用于数据可视化或科学计算可视化）、Scrapy（爬虫框架）、sklearn（用于机器学习）、tensorflow（用于深度学习）等几乎渗透到所有领域的扩展库或第三方库。

在标准的 Python 安装包中，只包含了内置模块和标准库，没有包含任何扩展库，开发人员根据实际需要再安装和使用合适的扩展库。Python 自带的 pip 工具是管理扩展库的主要方式，支持 Python 扩展库的安装、升级和卸载等操作。常用 pip 命令的使用方法如表 1-1 所示。

表 1-1 常用 pip 命令的使用方法

pip 命令示例	说　明
pip freeze [>packages.txt]	列出已安装模块及其版本号，可以使用重定向符“>”把扩展库信息保存到文件 packages.txt 中
pip install SomePackage[==version]	在线安装 SomePackage 模块，可以使用方括号内的形式指定扩展库版本
pip install SomePackage.whl	通过 whl 文件离线安装扩展库
pip install -r packages.txt	读取文件 packages.txt 中的扩展库信息，并安装这些扩展库
pip install --upgrade SomePackage	升级 SomePackage 模块
pip uninstall SomePackage[==version]	卸载 SomePackage 模块

对于大部分扩展库，使用 pip 工具在线安装都会成功，但也有时候会因为缺少 VC 编辑器或依赖文件而失败。在 Windows 平台上，如果在线安装扩展库失败，可以从 http://www.lfd.uci.edu/~gohlke/pythonlibs/下载扩展库编译好的.whl 文件（一定不要修改下载的文件名），然后在命令提示符环境中使用 pip 命令进行离线安装。例如：

```
pip install pygame-2.1.2-cp39-cp39-win-amd64.whl
```

注意，如果计算机上安装了多个版本的 Python 开发环境，在一个版本下安装的扩展库无法在另一个版本中使用。最好切换至相应版本 Python 安装目录的 scripts 文件夹中，然后在〈Shift+鼠标右键〉弹出的菜单中选择“在此处打开命令提示符窗口”（Win 7）或“在此处打开 PowerShell 窗口”（Win 10）命令，进入命令提示符环境执行 pip 命令，如果要离线安装扩展库的话，最好也把.whl 文件下载到相应版本的 scripts 文件夹中。

在线安装扩展库时，会有大量输出，如果不想看到这些输出，可以在执行 pip 命令时加上-q 选项表示安静模式。例如：

```
pip install openpyxl -q
```

另外，由于安装扩展库时需要从国外网站下载，速度较慢，可以使用-i 选项设置临时使用国内的镜像网站，同时使用参数--trusted-host 指定可信任主机。例如：

```
pip install -i django http://pypi.douban.com/simple --trusted- host=pypi.
douban.com
```

国内比较稳定的扩展库镜像网站如表 1-2 所示。

表 1-2 国内扩展库镜像网站

镜 像 地 址	所 属 单 位
https://pypi.tuna.tsinghua.edu.cn/simple/	清华大学
http://mirrors.aliyun.com/pypi/simple/	阿里云
http://pypi.douban.com/simple/	豆瓣网
https://pypi.mirrors.ustc.edu.cn/simple/	中国科技大学
http://pypi.hustunique.com/	华中理工大学
http://pypi.sdutlinux.org/	山东理工大学

如果需要了解 pip 命令更多高级用法，可以使用下面的命令查看 pip 的更多子命令：

```
pip -h
```

或者使用下面的形式查看特定子命令的更多用法：

```
pip freeze -h
pip install -h
```

如果使用 Anaconda3 的话，除了 pip 之外，也可以使用 conda 命令安装 Python 扩展库，用法与 pip 类似，不再赘述。

1.4　标准库与扩展库对象的导入与使用

Python 内置对象可以直接使用，但标准库和扩展库中的对象必须先导入才能使用。当然，扩展库需要按照上一节介绍的方法正确安装之后才能导入和使用其中的对象。

（1）import 模块名[as 别名]：使用这种方式将模块导入以后，使用时需要在对象之前加上模块名作为前缀，必须以“模块名.对象名”的形式进行访问。如果模块名字很长的话，可以为导入的模块设置一个别名，然后使用“别名.对象名”的方式来使用其中的对象。例如：

```
>>> import math                          # 导入标准库 math
>>> math.factorial(6)                    # 计算 6 的阶乘
720
>>> math.gcd(48, 39)                     # 返回两个整数的最大公约数
3
>>> import numpy as np                   # 导入扩展库 numpy，设置别名为 np
>>> np.sin([0, np.pi/4, np.pi/2, np.pi])
                                         # 计算多个角度的正弦值
array([0.00000000e+00,  7.07106781e-01,  1.00000000e+00,
       1.22464680e-16])
>>> import os.path as path               # 导入标准库 os.path，设置别名为 path
>>> path.isfile(r'C:\Windows\notepad.exe')
                                         # 检查指定的路径是否为文件
                                         # 字符串前面加字母 r 表示原始字符串
                                         # 不对其中的任何字符进行转义
True
```

（2）from 模块名 import 对象名[as 别名]：使用这种方式仅导入明确指定的对象，使用时不需要使用模块名作为前缀，可以减少程序员输入的代码量。这种方式可以适当提高代码运行速度，打包时可以减小文件体积。例如：

```
>>> from random import choice, randint
>>> choice('abcdefg')                    # 从字符串中随机选择一个字符
'f'
>>> randint(1, 100)                      # 在 1 到 100 之间生成一个随机数
55
>>> from os.path import getsize
```

```
>>> getsize(r'C:\Windows\notepad.exe')    # 查看文件大小，单位为字节
179712
>>> from math import pi as PI              # 导入圆周率常量，设置别名为 PI
>>> print(PI)
3.141592653589793
```

（3）from 模块名 import *：使用这种方式可以一次导入模块中的所有对象，可以直接使用模块中的所有对象而不需要再使用模块名作为前缀，但一般并不推荐这样使用。例如：

```
>>> from random import *                   # 导入 random 模块中的所有对象
>>> x = [1, 2, 3, 4, 5, 6]
>>> shuffle(x)                             # 随机打乱顺序
>>> x
[1, 6, 4, 5, 2, 3]
>>> choice(x)                              # 随机选择一个元素
5
>>> sample(x, 3)                           # 随机选择 3 个不重复的元素
[1, 2, 4]
>>> choices('abcd', k=8)                   # 从字符串'abcd'中随机选择 8 个字符
['d', 'b', 'd', 'd', 'a', 'd', 'a', 'c']
>>> random()                               # 返回介于[0,1)区间的随机数
0.338414031817863
```

1.5 Python 代码布局规范

Python 非常重视代码的可读性，对代码布局和排版有严格的要求，更加方便人类阅读，也更加容易维护。最好在开始编写第一段代码的时候就遵循这些规范和建议，养成一个好的习惯。

（1）严格使用缩进来体现代码的逻辑从属关系。Python 对代码缩进是硬性要求，这一点必须时刻注意。在函数定义、类定义、选择结构、循环结构、异常处理结构和 with 语句等结构中，对应的函数体或语句块都必须有相应的缩进。一般以 4 个空格为一个缩进单位，并且相同级别的代码块应具有相同的缩进量。可以提前翻看第 7 章和第 8 章的代码感受一下缩进，这里就不给出示例代码了。

（2）在每个类、函数定义或一段完整的功能代码之后增加一个空行，在运算符两侧各增加一个空格，逗号后面增加一个空格，让代码适当松散一点，不要过于密集。

（3）尽量不要写过长的语句。如果语句确实太长而超过屏幕宽度，最好使用续行符“\”，或者使用圆括号把多行代码括起来表示是一条语句。

（4）书写复杂的表达式时，在适当的位置加上括号，这样可以使各种运算的隶属关系和计算顺序更加明确。

（5）对关键代码和重要的业务逻辑代码进行必要的注释。在 Python 中有两种常用的注释形式：#和三引号。#用于单行注释，三引号常用于大段说明性文本的文档字符串。

（6）每个 import 语句只导入一个模块或一个模块中的对象，最好按标准库、扩展库、自定义库的顺序依次导入。

本章知识要点

（1）Python 是一门跨平台、开源、免费的解释型高级动态编程语言，是一种通用编程语言。

（2）除了可以解释执行，Python 支持将源代码伪编译为字节码来提高加载速度，还支持使用 py2exe、pyinstaller、Nuitka、cx_Freeze、py2app 或其他类似工具将 Python 程序及其所有依赖库打包成为各种平台上的可执行文件。

（3）Python 支持命令式编程和函数式编程两种模式。

（4）在 Python 交互式开发环境中，每次只能执行一条语句，必须等再次出现提示符“>>>”时才可以输入下一条语句。

（5）在 Python 中，模块是指一个包含若干函数定义、类定义或常量的 Python 源程序文件，库往往指包含若干模块的文件夹。

（6）在标准的 Python 安装包中，只包含了内置模块和标准库，没有包含任何扩展库，开发人员根据实际需要再安装和使用合适的扩展库。

（7）如果计算机上安装了多个版本的 Python 开发环境，在一个版本下安装的扩展库无法在另一个版本中使用。

（8）Python 内置对象可以直接使用，但标准库和扩展库中的对象必须先导入才能使用。

（9）Python 严格使用缩进来体现代码的逻辑从属关系。在函数定义、类定义、选择结构、循环结构、异常处理结构和 with 语句等结构中，对应的函数体或语句块都必须有相应的缩进。

习题

1.（多选题）下面哪些属于 Python 语言的特点？（　　）

A．跨平台　　B．开源　　C．解释执行　　D．支持函数式编程

2.（多选题）下面能够支持 Python 开发的环境有哪些？（　　）

A．IDLE　　B．Anaconda3　　C．PyCharm　　D．Eclipse

3.（判断题）在 Jupyter Notebook 中编写 Python 代码时，后面的 cell 不能访问前面 cell 中定义的变量。（　　）

4.（填空题）Python 自带的扩展库管理工具是__________，如果使用 Anaconda3 集成开发环境的话，也可以使用__________命令安装和管理扩展库。（　　）

5.（多选题）下面哪些是正确的 Python 标准库对象导入语句？（　　）

A．import math.sin as sin　　B．from math import sin

C．import math.*　　D．from math import *

6.（判断题）写代码时应尽量减少空行和空格，让代码紧凑一些。（　　）

7.（判断题）在函数定义、类定义、选择结构、循环结构、异常处理结构和 with 语句等结构中，对应的函数体或语句块都必须有相应的缩进。（　　）

第 2 章　Python 常用内置对象与运算符

本章学习目标

- 熟练掌握常用内置类型
- 了解常量与变量的概念
- 了解 Python 动态类型的特点
- 了解 Python 强类型语言的特点
- 熟悉变量命名规则
- 熟练掌握常用运算符
- 熟练掌握常用内置函数
- 熟练掌握查看帮助文档的方法
- 了解 Python 函数式编程模式

2.1　Python 常用内置对象

Python 中的对象可以分为内置对象、自定义对象、标准库对象和扩展库对象，其中内置对象可以直接使用。Python 中常用的内置对象如表 2-1 所示。

表 2-1　Python 内置对象

对象类型	类型名称	示　例	简 要 说 明
数字	int float complex	88888888888888 9.8，3.14，6.626e-34 5+6j，5j	整数大小没有限制，且内置支持复数及其运算
字符串	str	'Readability counts.' "I'm a Python teacher." '''Tom sai, "let's go."''' r'C:\Windows\notepad.exe'	使用单引号、双引号、三引号作为定界符，不同定界符之间可以互相嵌套；前面加字母 r 或 R 表示原始字符串，任何字符都不进行转义
字节串	bytes	b'hello world'	以字母 b 引导
列表	list	[79, 89, 99] ['a', {3}, (1,2), ['c', 2], {65:'A'}]	所有元素放在一对方括号中，元素之间使用逗号分隔，其中的元素可以是任意类型
元组	tuple	(1, 0, 0) (0,)	所有元素放在一对圆括号中，元素之间使用逗号分隔，元组中只有一个元素时后面的逗号不能省略
字典	dict	{'red': (1,0,0), 'green':(0,1,0), 'blue':(0,0,1)}	所有元素放在一对大括号中，元素之间使用逗号分隔，元素形式为“键:值”，其中“键”不允许重复并且必须为不可变类型

（续）

对象类型	类型名称	示　例	简 要 说 明
集合	set	{'bread', 'beer', 'orange'}	所有元素放在一对大括号中，元素之间使用逗号分隔，元素不允许重复且必须为不可变类型
布尔型	bool	True, False	逻辑值，首字母必须大写
空类型	NoneType	None	空值，首字母必须大写
异常	NameError ValueError TypeError KeyError …		Python 内置异常类
文件		f = open('test.txt', 'w')	Python 内置函数 open()使用指定的模式打开文件，返回文件对象
其他可迭代对象		生成器对象、range 对象、zip 对象、enumerate 对象、map 对象、filter 对象等	具有惰性求值的特点（range 对象除外），空间占用小，适合大数据处理

2.1.1　常量与变量

1. 基本概念

常量是指不能改变的字面值，如一个数字 9.8、一个字符串"Hello world."、一个元组(1,0,0)，都是常量。

在 Python 中，变量的值和类型都是随时可以发生改变的。从这个角度来讲，Python 属于动态类型编程语言。虽然 Python 变量的类型是随时可以发生变化的，但每个变量在任意时刻的类型都是确定的。从这个角度来讲，Python 属于强类型编程语言。

在 Python 中，不需要事先声明变量名及其类型，使用赋值语句可以直接创建任意类型的变量，变量的类型取决于等号右侧表达式值的类型。赋值语句的执行过程是：首先把等号右侧表达式的值计算出来，然后在内存中寻找一个位置把值存放进去，最后创建变量并指向这个内存地址。例如：

```
>>> x = 3                          # 创建整型变量，不需要提前声明变量 x
>>> type(x)                        # 内置函数 type()可以查看变量的类型
<class 'int'>
>>> x = 5.0                        # 创建实型变量，变量类型随时可以发生变化
>>> type(x)
<class 'float'>
```

在 Python 中，变量不直接存储值，而是存储值的内存地址或者引用，这也是变量类型随时可以改变的原因。

对于赋值语句，可以简单地理解为变量“指向”存储值的内存空间，而不是把值存放到变量的空间中。例如，当执行语句 x = 3 时，是先把 3 存放到内存中，然后让 x 指向它。紧接着再执行 y = x 时，是把 x 的引用赋值给 y，也就是让 y 和 x 指向同一个值，如图 2-1 所示。

图 2-1　赋值语句

执行完上面的代码之后，继续执行语句 x + = 6，执行过程是先取出变量 x 原来的值 3，加上 6 之后得到 9，把 9 存储到内存空间中，让 x 指向 9，此时的 x 不再指向原来的 3，而是指向新的值 9，但是变量 y 仍然指向原来的 3。在 Python 中，由于 x 已经指向了新的值，一般认为此时的 x 和原来的 x 不再是同一个变量。这个过程如图 2-2 所示。

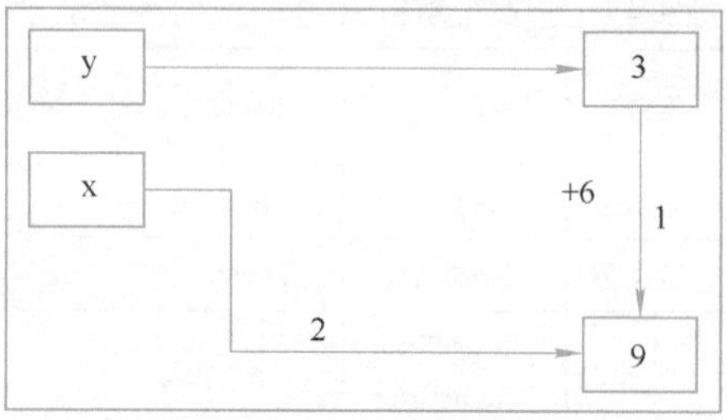

图 2-2 执行 x + = 6 之后的内存情况

可以使用查看对象内存地址的内置函数 id()来验证上面的过程，代码如下：

```
>>> x = 3
>>> y = x                    # y 和 x 指向同一个内存地址
>>> id(x)                    # 查看变量 x 指向的值的内存地址
1394437216
>>> id(y)                    # 此时 y 和 x 指向的地址相同
1394437216
>>> x += 6                   # x 指向新的值
>>> x
9
>>> y                        # y 的值不变
3
>>> id(x)                    # x 指向的地址发生变化
1394437408
>>> id(y)                    # y 仍然指向原来的地址
1394437216
```

2．变量、函数和类的命名规范

在 Python 中定义变量名和函数名的时候，需要遵守下面的规范，有关函数的更多内容请参考本书第 8 章。

（1）必须以英文字母、汉字或下画线开头。

（2）名字中不能有空格或标点符号。

（3）不能使用关键字，如 yield、else、for、break、if、while、return 这样的变量名都是非法的。

（4）对英文字母的大小写敏感，如 student 和 Student 是不同的变量。

（5）不建议使用系统内置的模块名、类型名或函数名以及已导入的模块名及其成员名作变量名或者自定义函数名，如 type、max、min、len、list 等都是不建议作为变量名的。也不建议使用 math、random、datetime、re 或其他内置模块和标准库的名字作为变量名或者自定义函数名。

2.1.2 数字

Python 内置的数字类型有整数、实数和复数。其中，整数类型除了常见的十进制整数，还有：

（1）二进制。以 0b 开头，每一位只能是 0 或 1，如 0b1001。

（2）八进制。以 0o 开头，每一位只能是 0、1、2、3、4、5、6、7 这八个数字之一，如 0o763。

（3）十六进制。以 0x 开头，每一位只能是 0、1、2、3、4、5、6、7、8、9、a、b、c、d、e、f 之一，其中 a 表示 10，b 表示 11，以此类推，如 0xa8b9。

Python 支持任意大的整数。另外，由于精度的问题，对于实数运算可能会有一定的误差，应尽量避免在实数之间直接进行相等性测试，而是应该比较两个实数是否足够接近。例如：

```
>>> import math
>>> math.factorial(64)                # 计算 64 的阶乘
1268869321858841641034333893351614808028655161745451921988018943752147042304000000000000000
>>> 3 ** 0.5                          # 计算 3 的平方根，**是幂运算符
1.7320508075688772
>>> _ ** 2                            # 一个下画线表示上一个正确的输出
2.9999999999999996
>>> math.isclose(_, 3)                # 比较两个实数是否足够接近
True
```

Python 内置支持复数类型及其运算。例如：

```
>>> x = 3 + 4j                        # 使用 j 或 J 表示复数虚部
>>> y = 5 + 6J
>>> x + y                             # 支持复数之间的算术运算
(8+10j)
>>> x * y
(-9+38j)
>>> x ** 3                            # 计算复数的 3 次方
(-117+44j)
>>> abs(x)                            # 内置函数 abs()可用来计算复数的模
5.0
>>> x.imag                            # 虚部
4.0
>>> x.real                            # 实部
3.0
>>> x.conjugate()                     # 共轭复数
(3-4j)
```

2.1.3　字符串

字符串是包含若干字符的容器对象，使用单引号、双引号、三单引号或三双引号作为定界符，其中三引号里的字符串可以换行，并且不同的定界符之间可以互相嵌套。下面几种都

是合法的 Python 字符串：

```
'Hello world'
'这个字符串是数字"123"和字母"abcd"的组合'
'''Tom said,"Let's go"'''
'''Beautiful is better than ugly.
Explicit is better than implicit.
Simple is better than complex.
Complex is better than complicated.
Flat is better than nested.
Sparse is better than dense.
Readability counts.'''
```

在 Python 中，没有字符常量和变量的概念，只有字符串常量和变量，单个字符也是字符串。Python 3.x 代码默认使用 UTF8 编码格式，全面支持中文，甚至可以使用中文作为变量名。在使用内置函数 len()统计字符串长度时，中文和英文字母都作为一个字符对待。在使用 for 循环或类似技术遍历字符串时，每次遍历其中的一个字符，中文字符和英文字符也一样对待。

除了支持序列通用操作（包括双向索引、比较大小、计算长度、切片、成员测试等），字符串类型自身还提供了大量方法，如字符串格式化、查找、替换、排版等。但由于字符串属于不可变序列，不能直接对字符串对象进行元素增加、修改与删除等操作，切片操作也只能访问其中的部分元素而无法使用切片来修改字符串中的字符。另外，字符串对象提供的 replace()和 translate()方法以及大量排版方法也不是对原字符串直接进行修改替换，而是返回一个新字符串作为结果。这里先简单介绍一下字符串对象的创建、连接、重复和长度测试，更详细的内容请参考本书第 6 章。例如：

```
>>> x = 'Hello world.'                       # 使用单引号作为定界符
>>> x = "Python is a great language."        # 使用双引号作为定界符
>>> x = '''Tom said, "Let's go."'''          # 不同定界符之间可以互相嵌套
>>> print(x)
Tom said, "Let's go."
>>> 'good ' + 'morning'                      # 连接字符串
'good morning'
>>> '=' * 30                                 # 字符串重复
'=============================='
>>> len('人生苦短，我用 Python！')
14
```

2.1.4 列表、元组、字典、集合

列表、元组、字典、集合是 Python 内置的容器对象，其中可以包含多个元素。这几个类型具有很多相似的操作，但互相之间又有很大的不同。这里先介绍一下列表、元组、字典和集合的创建与简单使用，更详细的介绍请参考第 3、4、5 章。例如：

```
>>> x_list = [1, 2, 3]                     # 创建列表对象
>>> x_tuple = (1, 2, 3)                    # 创建元组对象
>>> x_dict = {'a':97, 'b':98, 'c':99}# 创建字典对象，元素形式为“键:值”
>>> x_set = {1, 2, 3}                      # 创建集合对象
>>> print(x_list[1])                       # 使用下标访问指定位置的元素
                                           # 元素下标从 0 开始
2
>>> print(x_tuple[1])                      # 元组也支持使用序号作为下标
                                           # 1 表示第二个元素的下标
2
>>> print(x_dict['a'])                     # 访问特定“键”对应的“值”
                                           # 字典对象的下标是“键”
97
>>> x_set[1]                               # 集合中的元素是无序的
                                           # 集合不支持使用下标随机访问
TypeError: 'set' object does not support indexing
>>> 3 in x_set                             # 测试 3 是否为集合 x_set 的元素
True
```

2.2 Python 运算符与表达式

在 Python 中，单个常量或变量可以看作最简单的表达式，使用任意运算符连接的式子也属于表达式，在表达式中也可以包含函数调用。

常用的 Python 运算符如表 2-2 所示。虽然 Python 运算符有一套严格的优先级规则，但并不建议花费太多精力去记忆，而是应该在编写复杂表达式时尽量使用圆括号来明确说明其中的逻辑以提高代码可读性。

表 2-2　Python 运算符（优先级从低到高）

运算符	功能说明
:=	赋值运算，Python 3.8 新增，俗称海象运算符
lambda [parameter]: expression	用来定义 lambda 表达式，功能相当于函数，parameter 相当于函数形参（见第 8 章），可以没有，expression 表达式的值相当于函数返回值
value1 if condition else value2	用来表示二选一的表达式，其中 value1、condition、value2 可以为任意表达式，如果 condition 的值等价于 True 则整个表达式的值为 value1 的值，否则整个表达式的值为 value2 的值，类似于一个双分支选择结构，见第 7 章
or	“逻辑或”运算符，以 exp1 or exp2 为例，如果 exp1 的值等价于 True 则返回 exp1 的值，否则返回 exp2 的值
and	“逻辑与”运算符，以 exp1 and exp2 为例，如果 exp1 的值等价于 False 则返回 exp1 的值，否则返回 exp2 的值
not	“逻辑非”运算符，对于表达式 not x，如果 x 的值等价于 True 则返回 False，否则返回 True

（续）

运算符	功能说明
in、not in is、is not	成员测试，表达式 x in y 的值当且仅当 y 中包含元素 x 时才会为 True 测试两个对象是否引用同一个对象。如果两个对象引用同一个对象，那么它们的内存地址相同
<、<=、>、>=、==、!=	关系运算符，用于比较大小，作用于集合时表示测试集合的包含关系 这三组运算符具有相同的优先级
|	“按位或”运算，集合并集
^	“按位异或”运算，集合对称差集
&	“按位与”运算，集合交集
<<、>>	左移位、右移位
+ -	算术加法，列表、元组、字符串合并与连接 算术减法，集合差集
* @ / // %	算术乘法，序列重复 矩阵乘法 真除 整除 求余数，字符串格式化
+x -x ~x	正号 负号，相反数 按位求反
**	幂运算，指数可以为小数，如表达式 3**0.5 表示计算 3 的平方根。另外，该运算符具有右结合性的特点，两个幂运算符连续使用时从右向左计算，如表达式 3 ** 3 ** 3 等价于 3 ** (3 ** 3)
[] . ()	下标，切片 属性访问，成员访问 函数定义或调用，修改表达式计算顺序，声明多行代码为一个语句
[]、()、{}	定义列表、元组、字典、集合，定义列表推导式、生成器表达式、字典推导式、集合推导式

2.2.1 算术运算符

（1）+运算符除了用于算术加法以外，还可以用于列表、元组、字符串的连接。例如：

```
>>> 3 + 5                          # 算术加法运算
8
>>> [1, 2, 3] + [4, 5, 6]          # 连接两个列表
[1, 2, 3, 4, 5, 6]
>>> (1, 2, 3) + (4,)               # 连接两个元组
(1, 2, 3, 4)
>>> 'abcd' + '1234'                # 连接两个字符串
'abcd1234'
```

（2）-运算符除了用于算术减法和相反数以外，还可以用于集合的差集运算。例如：

```
>>> 5 - 3                          # 算术减法
```

```
2
>>> (5+6j) - (3+4j)                 # 复数之间的减法，结果为复数
                                    # 实部与实部相减，得到结果的实部
                                    # 虚部与虚部相减，得到结果的虚部
(2+2j)
>>> -3                              # 相反数
-3
>>> --3                             # 负负得正，等价于-(-3)
3
>>> {1, 2, 3, 4, 5} - {2, 3, 5, 6}
                                    # 集合的差集运算
{1, 4}
```

（3）*运算符除了表示算术乘法，还可用于列表、元组、字符串这几个类型的对象与整数的乘法，表示序列元素的重复，生成新的列表、元组或字符串。例如：

```
>>> 3 * (3+4j)                      # 算术乘法运算
(9+12j)
>>> [1, 2, 3] * 3                   # 列表与整数相乘，得到新列表
[1, 2, 3, 1, 2, 3, 1, 2, 3]
>>> (1, 2, 3) * 3                   # 元组与整数相乘，得到新元组
(1, 2, 3, 1, 2, 3, 1, 2, 3)
>>> 'abc' * 3                       # 字符串与整数相乘，得到新字符串
'abcabcabc'
```

（4）运算符/和//在 Python 中分别表示真除法和求整商。在使用时，要特别注意//运算符"向下取整"的特点。可以这样理解"向下取整"：先正常计算除法的商，然后取数轴上小于或等于该商的最大整数。例如，-17 / 4 的结果是-4.25，在数轴上小于-4.25 的最大整数是-5，所以-17 // 4 的结果是-5，如图 2-3 所示。

图 2-3　运算符//的向下取整

```
>>> 5 / 2                           # 数学意义上的除法，结果为实数
2.5
>>> 17 // 4                         # 如果两个操作数都是整数，结果为整数
4
>>> 17.0 // 4                       # 如果操作数中有实数，结果为实数形式的整数值
4.0
>>> -17 // 4                        # 向下取整，负号的优先级比整除运算符高
-5
```

（5）%运算符可以用于求余数运算，还可以用于字符串格式化。例如：

```
>>> -17 % 4                         # 余数与%右侧的运算数符号一致
3
>>> 17 % -4                         # (17-(-3))能被(-4)整除
```

```
-3
>>> '%c, %d' % (65, 65)        # 把 65 分别格式化为字符和整数
'A, 65'
```

（6）**运算符表示幂运算。例如：

```
>>> 3 ** 2                     # 3 的 2 次方，等价于 pow(3, 2)
9
>>> 9 ** 0.5                   # 9 的 0.5 次方，平方根
3.0
>>> 8 ** (1/3)                 # 8 的立方根
2.0
>>> (-1) ** 0.5                # -1 的平方根为复数 1j
                               # 下面结果中的复数实部近似为 0
(6.123233995736766e-17+1j)
```

2.2.2 关系运算符

Python 关系运算符可以连用，要求操作数之间必须可比较大小。当关系运算符作用于集合时，用来测试集合之间的包含关系；当作用于列表、元组或字符串时，逐个比较对应位置上的元素，直到得到确定的结论为止。另外，关系运算符具有惰性求值的特点，已经确定最终结果之后，不会再进行多余的比较。例如：

```
>>> 1 < 3 < 5                  # 等价于 1<3 and 3<5
True
>>> 1 < 2 == 2                 # 等价于 1<2 and 2==2
True
>>> 2 > 3 < 4                  # 等价于 2 > 3 and 3 < 4
                               # 2 > 3 的结果为 False，已经可以确定结果
                               # 所以，后面的 3 < 4 不会真的比较
False
>>> 'Hello' > 'world'          # 字母 H 的 ASCII 码小于 w 的 ASCII 码
                               # 只需要比较第一个字符即可得到结果
                               # 后面的字符不再进行比较
False
>>> [1, 2, 3] < [1, 2, 4]      # 两个列表中的前两个元素相等
                               # 前面列表的第三个元素比后面列表的小
                               # 所以第一个列表小于第二个列表
True
>>> [1, 2, 3] < [1, 2, 3, 4] # 两个列表中的前三个元素相等
                               # 但后面列表比前面的列表长
True
>>> [3, 1, 2] < [1, 5, 6]      # 第一个元素 3<1 不成立
```

```
                                   # 不再比较后面的元素，直接得出结果
False
>>> {1, 2, 3} < {1, 2, 3, 4}       # 前面的集合是后面集合的子集
True
>>> {1, 2, 3} == {3, 2, 1}         # 集合中的元素是无序的
                                   # 只要两个集合中包含同样的元素
                                   # 这两个集合就相等
True
>>> {1, 2, 4} > {1, 2, 3}          # 第一个集合不是第二个集合的超集
False
```

2.2.3 成员测试运算符

成员测试运算符 in 用于测试一个对象是否包含另一个对象，适用于列表、元组、字典、集合、字符串，以及 range 对象、zip 对象、filter 对象等任意类型可迭代对象。例如：

```
>>> 3 in [5, 7, 3]                 # 测试 3 是否存在于列表[5, 7, 3]中
True
>>> [3] in [5, 7, 3]               # 列表[5, 7, 3]中不存在元素[3]
False
>>> 7 in range(1, 10, 2)           # range()用来生成指定范围数字，见 2.3.8 节
True
>>> 'abcd' in 'abcdefg'            # 子字符串测试
True
```

2.2.4 集合运算符

集合的交集、并集、对称差集运算分别使用&、|和^运算符来实现，差集使用–运算符实现。例如：

```
>>> {1, 2, 3} | {3, 4, 5}          # 并集，并且自动去除重复元素
                                   # 对于集合 A 和 B 而言
                                   # A|B 中的元素要么属于 A 要么属于 B
{1, 2, 3, 4, 5}
>>> {1, 2, 3} & {3, 4, 5}          # 交集，对于集合 A 和 B 而言
                                   # A&B 包含那些同时属于 A 和 B 的元素
{3}
>>> {1, 2, 3} - {3, 4, 5}          # 差集，对于集合 A 和 B 而言
                                   # A-B 包含那些属于 A 但不属于 B 的元素
{1, 2}
>>> {1, 2, 3} ^ {3, 4, 5}          # 对称差集，A^B=A|B-A&B=(A-B)|(B-A)
{1, 2, 4, 5}
```

在图 2-4 中，假设 A 和 B 是两个集合，分别显示了并集、交集、差集和对称差集的运算结果。

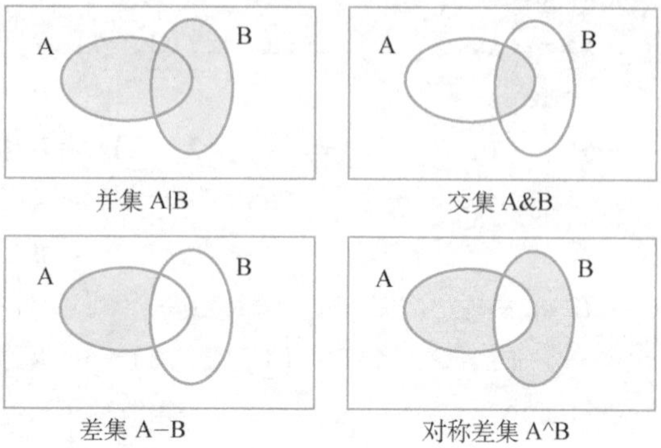

图 2-4 集合运算示意图

2.2.5 逻辑运算符

逻辑运算符 and、or、not 常用来连接多个表达式构成更加复杂的条件表达式，其中 and 连接的两个式子都等价于 True（见 7.1.1 小节）时整个表达式的值才等价于 True，or 连接的两个式子至少有一个等价于 True 时整个表达式的值等价于 True。

要注意的是，and 和 or 具有惰性求值或逻辑短路的特点，当连接多个表达式时只计算必须要计算的值，并且最后计算的表达式的值作为整个表达式的值。

例如，以表达式“expression1 and expression2”为例，如果 expression1 的值等价于 False，这时不管 expression2 的值是什么，表达式最终的值都是等价于 False 的，这时干脆就不计算 expression2 的值了，整个表达式的值就是 expression1 的值。如果 expression1 的值等价于 True，这时仍无法确定整个表达式最终的值，所以会计算 expression2，并把 expression2 的值作为整个表达式最终的值。

同理，对于表达式“expression1 or expression2”，如果 expression1 的值等价于 False，这时仍无法确定整个表达式的值，需要计算 expression2 并把 expression2 的值作为整个表达式最终的值。如果 expression1 的值等价于 True，那么不管 expression2 的值是什么，整个表达式最终的值都是等价于 True 的，这时就不需要计算 expression2 的值了，直接把 expression1 的值作为整个表达式的值。

充分利用这个特点，可以优化代码并减少计算量。例如，对于表达式“expression1 and expression2 and expression3”，如果 expression1 的值等价于 False 的概率非常大，那么 expression2 和 expression3 被计算的机会就很小，从而可以减少计算量。但是，如果 expression1 和 expression2 的值等价于 True 的概率非常大，而 expression3 的值等价于 False 的概率非常大，那么会导致很多不必要的计算。例如：

```
>>> 3>5 and a>3              # 3>5 不成立，不计算后面的 a>3
False
>>> 3>5 or a>3               # 3>5 不成立，计算 a>3，代码引发异常
NameError: name 'a' is not defined
>>> 3<5 or a>3               # 3<5 成立，不再计算后面的 a>3
True
>>> 3 and 5                  # and 和 or 连接的表达式的值不一定是 True 或 False
5
>>> 3 and 5>2                # 最后一个计算的表达式的值作为整个表达式的值
True
>>> not 3                    # 非 0 数字等价于 True，取反后为 False
```

```
False
>>> not []                    # 空列表等价于 False，取反后为 True
True
```

2.3　Python 常用内置函数

在数学上，函数 $y = f(x)$ 对特定的自变量 x 进行计算并得到因变量 y。在程序设计中，函数对特定的数据进行处理后得到结果。

可以把函数看作一个黑盒子，把数据输入这个黑盒子，这个黑盒子就根据预先设定好的功能给出相应的输出。在使用内置函数、标准库函数以及扩展库函数时，一般不需要关心其内部是如何实现的。在实际编程时，很多时候也需要自己定义新的函数，可以参考本书第 8 章。

内置函数不需要额外导入任何模块即可直接使用，具有非常快的运行速度，推荐优先使用。使用下面的语句可以查看所有内置函数和内置对象，注意 builtins 两边各有两个下画线，一共 4 个。

```
>>> dir(__builtins__)
```

常用的内置函数及其功能简要说明如表 2-3 所示，其中方括号内的参数可以省略，全书关于函数的介绍都遵守这个约定。

表 2-3　Python 常用内置函数及其功能简要说明

函　　数	功能简要说明
abs(x, /)	返回数字 x 的绝对值或复数 x 的模，斜线表示该位置之前的所有参数必须为位置参数。例如，只能使用 abs(-3)这样的形式调用，不能使用 abs(x=-3)的形式进行调用
aiter(async_iterable, /)	返回异步可迭代对象的异步迭代器对象，Python 3.10 新增
all(iterable, /)	如果可迭代对象 iterable 中所有元素都等价于 True 则返回 True，否则返回 False。如果可迭代对象 iterable 为空，返回 True
anext(...)	返回异步迭代器对象中的下一个元素，Python 3.10 新增
any(iterable, /)	只要可迭代对象 iterable 中存在等价于 True 的元素就返回 True，否则返回 False。如果可迭代对象 iterable 为空，返回 False
ascii(obj, /)	返回对象的 ASCII 码表示形式，进行必要的转义。例如，ascii('abcd')返回"'abcd'"，ascii('微信公众号：Python 小屋')返回"'\\u5fae\\u4fe1\\u516c\\u4f17\\u53f7\\uff1aPython\\u5c0f\\u5c4b'"，其中'\u5fae'为汉字'微'的转义字符
bin(number, /)	返回整数 number 的二进制形式的字符串。例如，表达式 bin(3)的值为'0b11'，表达式 bin(-3)的值为'-0b11'
bool(x)	如果参数 x 的值等价于 True 就返回 True，否则返回 False。在 Python 中，bool 类是 int 类的子类，并且不能再作为其他类的父类，面向对象程序设计的内容见作者其他教材
bytearray(iterable_of_ints) bytearray(string, encoding[, errors]) bytearray(bytes_or_buffer) bytearray(int) bytearray()	返回可变的字节数组，可以使用函数 dir()和 help()查看字节数组对象的详细用法。例如，bytearray((65, 97, 103))返回 bytearray(b'Aag')，bytearray('社会主义核心价值观', 'gbk')返回 bytearray(b'\xc9\xe7\xbb\xe1\xd6\xf7\xd2\xe5\xba\xcb\xd0\xc4\xbc\xdb\xd6\xb5\xb9\xdb')，bytearray(b'abcd')返回 bytearray(b'abcd')，bytearray(5)返回 bytearray(b'\x00\x00\x00\x00\x00')

（续）

函　　数	功能简要说明
bytes(iterable_of_ints) bytes(string, encoding[, errors]) bytes(bytes_or_buffer) bytes(int) bytes()	创建字节串或把其他类型数据转换为字节串，不带参数时创建空字节串。例如，bytes(5)表示创建 5 个值为 0 的字节串 b'\x00\x00\x00\x00\x00'，bytes((97, 98, 99))表示把若干介于[0,255]区间的整数转换为字节串 b'abc'，bytes((97,))可用于把一个介于[0,255]区间的整数 97 转换为字节串 b'a'，bytes('董付国', 'utf8')使用 UTF-8 编码格式把字符串'董付国'转换为字节串 b'\xe8\x91\xa3\xe4\xbb\x98\xe5\x9b\xbd'。在描述函数语法时，形参放在方括号中表示这个参数可有可无
callable(obj, /)	如果参数 obj 为可调用对象就返回 True，否则返回 False，Python 中的可调用对象包括函数、lambda 表达式、类、类和对象的方法、实现了特殊方法__call__()的类的对象
classmethod(function)	修饰器函数，用来把一个普通成员方法转换为类方法
complex(real=0, imag=0)	返回复数，其中 real 是实部，imag 是虚部。参数 real 和 image 的默认值为 0，调用函数时如果不传递参数，会使用默认值。直接调用函数 complex()不加参数时返回虚数 0j
chr(i, /)	返回 Unicode 编码为 i 的字符，其中 0 <= i <= 0x10ffff
compile(source, filename, mode, flags=0, dont_inherit=False, optimize=-1, *, _feature_version=-1)	把 Python 程序源码伪编译为字节码，可被 exec()或 eval()函数执行
delattr(obj, name, /)	删除对象 obj 的 name 属性，delattr(x, 'y')等价于 del x.y
dict() dict(mapping) dict(iterable) dict(**kwargs)	把可迭代对象 iterable 转换为字典返回，不加参数时返回空字典。参数名前面加两个星号表示可以接收多个关键参数，也就是调用函数时以 name=value 这样的形式传递的参数，详见 8.2.3 节
dir([object])	返回指定对象或模块 object 的成员列表，如果不带参数则返回包含当前作用域内所有可用对象名字的列表
divmod(x, y, /)	计算整商和余数，返回元组(x//y, x%y)，满足恒等式：div*y + mod == x
enumerate(iterable, start=0)	枚举可迭代对象 iterable 中的元素，返回包含元素形式为(start, iterable[0]), (start+1, iterable[1]), (start+2, iterable[2]), …的迭代器对象，start 表示编号的起始值，默认为 0
eval(source, globals=None, locals=None, /)	计算并返回字符串或字节码对象 source 中表达式的值，参数 globals 和 locals 用来指定字符串 source 中变量的值，如果二者有冲突，以 locals 为准。如果参数 globals 和 locals 都没有指定，就在当前作用域内搜索字符串 source 中的变量并进行替换。该函数可以对任意字符串进行求值，有安全隐患，建议使用标准库 ast 中的安全函数 literal_eval()
exec(source, globals=None, locals=None, /)	在参数 globals 和 locals 指定的上下文中执行 source 代码或者 compile()函数编译得到的字节码对象
exit()	结束程序，退出当前 Python 环境
filter(function or None, iterable)	使用可调用对象 function 描述的规则对 iterable 中的元素进行过滤，返回 filter 对象，其中包含可迭代对象 iterable 中使得可调用对象 function 返回值等价于 True 的那些元素，第一个参数为 None 时返回的 filter 对象中包含 iterable 中所有等价于 True 的元素
float(x=0, /)	把整数或字符串 x 转换为浮点数，直接调用 float()不加参数时返回实数 0.0，当字符串 x 无法转换为浮点数时抛出 ValueError 异常
format(value, format_spec='', /)	把参数 value 按 format_spec 指定的格式转换为字符串，功能相当于 value.__format__(format_spec)。例如，format(5, '6d')等价于(5).__format__('6d')或者'{:6d}'.format(5)，结果均为'　　　5'，详细用法可以执行语句 help('FORMATTING')查看

（续）

函　数	功能简要说明
getattr(object, name[, default])	获取对象 object 的 name 属性，getattr(x, 'y')等价于 x.y
globals()	返回当前作用域中能够访问的所有全局变量名称与值组成的字典
hasattr(obj, name, /)	检查对象 obj 是否拥有 name 指定的属性
hash(obj, /)	计算参数 obj 的散列值，如果 obj 不可散列则抛出异常。两个相同的值必然具有相同的散列值，但散列值相同的两个对象的值不一定相同。整数的散列值是整数本身，计算字符串的散列值时会加入随机盐值，同一个字符串在不同的 Python 进程中会得到不同的散列值。该函数常用来测试一个对象是否可散列，但一般不需要关心具体的散列值。在 Python 中，可散列与不可变是一个意思，不可散列与可变是一个意思
help(obj)	返回对象 obj 的帮助信息。例如，help(sum)可以查看内置函数 sum()的使用说明，help('math')可以查看标准库 math 的使用说明，使用任意列表对象作为参数可以查看列表对象的使用说明，参数也可以是类、对象方法、标准库或扩展库函数等。直接调用 help()函数不加参数时进入交互式帮助会话，输入字母 q 退出
hex(number, /)	返回整数 number 的十六进制形式的字符串
id(obj, /)	返回对象的内存地址
input(prompt=None, /)	输出参数 prompt 的内容作为提示信息，接收键盘输入的内容，回车表示输入结束，以字符串形式返回输入的内容（不包含最后的回车符）
int([x]) int(x, base=10)	返回实数 x 的整数部分，或把字符串 x 看作 base 进制数并转换为十进制，base 默认为十进制，取值范围为 0 或 2～36 之间的整数。直接调用 int()不加参数时会返回整数 0
isinstance(obj, class_or_tuple, /)	测试对象 obj 是否属于指定类型（如果有多个类型的话需要放到元组中）的实例
issubclass(cls, class_or_tuple, /)	检查参数 cls 是否为 class_or_tuple 或其（其中某个类的）子类
iter(iterable) iter(callable, sentinel)	第一种形式用来根据可迭代对象创建迭代器对象，第二种形式用来重复调用可调用对象，直到其返回参数 sentinel 指定的值
len(obj, /)	返回容器对象 obj 包含的元素个数，适用于列表、元组、集合、字典、字符串以及 range 对象，不适用于具有惰性求值特点的生成器对象和 map、zip 等迭代器对象
list(iterable=(), /)	把对象 iterable 转换为列表，不加参数时返回空列表
map(func, *iterables)	返回包含若干函数值的 map 对象，函数 func 的参数分别来自 iterables 指定的一个或多个可迭代对象中对应位置的元素，直到最短的一个可迭代对象中的元素全部用完。形参前面加一个星号表示可以接收任意多个按位置传递的实参
max(iterable, *[, default=obj, key=func]) max(arg1, arg2, *args, *[, key=func])	返回可迭代对象中所有元素或多个实参的最大值，允许使用参数 key 指定排序规则，使用参数 default 指定 iterable 为空时返回的默认值
min(iterable, *[, default=obj, key=func]) min(arg1, arg2, *args, *[, key=func])	返回可迭代对象中所有元素或多个实参的最小值，允许使用参数 key 指定排序规则，使用参数 default 指定 iterable 为空时返回的默认值
next(iterator[, default])	返回迭代器对象 iterator 中的下一个值，如果 iterator 为空则返回参数 default 的值，如果不指定 default 参数，当 iterable 为空时会抛出 StopIteration 异常

（续）

函 数	功能简要说明
oct(number, /)	返回整数 number 的八进制形式的字符串
open(file, mode='r', buffering=-1, encoding=None, errors=None, newline=None, closefd=True, opener=None)	以指定的方式打开参数 file 指定的文件并返回文件对象
pow(base, exp, mod=None)	相当于 base**exp 或(base ** exp) % mod
ord(c, /)	返回 1 个字符 c 的 Unicode 编码
print(value, ..., sep=' ', end='\n', file=sys.stdout, flush=False)	基本输出函数，可以输出一个或多个表达式的值，参数 sep 表示相邻数据之间的分隔符（默认为空格），参数 end 用来指定输出完所有值后的结束符（默认为换行符）
property(fget=None, fset=None, fdel=None, doc=None)	用来创建属性，也可以作为修饰器使用
quit(code=None)	结束程序，退出当前 Python 环境
range(stop) range(start, stop[, step])	返回 range 对象，其中包含左闭右开区间[start,stop)内以 step 为步长的整数，其中 start 默认为 0，step 默认为 1
reduce(function, sequence[, initial])	将双参数函数 function 以迭代的方式从左到右依次应用至可迭代对象 sequence 中每个元素，并把中间计算结果作为下一次计算时函数 function 的第一个参数，最终返回单个值作为结果。在 Python 3.x 中 reduce()不是内置函数，需要从标准库 functools 中导入再使用
repr(obj, /)	把对象 obj 转换为适合 Python 解释器内部识别的字符串形式。对于不包含反斜线的字符串和其他类型对象，repr(obj)与 str(obj)功能一样；对于包含反斜线的字符串，repr()会把单个反斜线转换为两个
reversed(sequence, /)	返回序列 sequence 中所有元素逆序后迭代器对象
round(number, ndigits=None)	对整数或实数 number 进行四舍五入，最多保留 ndigits 位小数，参数 ndigits 可以为负数。如果 number 本身的小数位数少于 ndigits，不再处理。例如，round(3.1, 3)的结果为 3.1，round(1234, -2)的结果为 1200
set(iterable) set()	把可迭代对象 iterable 转换为集合，不加参数时返回空集合
setattr(obj, name, value, /)	设置对象属性，相当于 obj.name = value
slice(stop) slice(start, stop[, step])	创建切片对象，可以用作下标。例如，对于列表对象 data，那么 data[slice(start, stop, step)]等价于 data[start:stop:step]，见 3.4 节
sorted(iterable, /, *, key=None, reverse=False)	返回参数 iterable 中所有元素排序后组成的列表，参数 key 用来指定排序规则或依据，参数 reverse 用来指定升序或降序，默认值 False 表示升序。单个星号*做参数表示该位置后面的所有参数都必须为关键参数，星号本身不是参数
staticmethod(function)	用来把普通成员方法转换为类的静态方法
str(object='') str(bytes_or_buffer [, encoding[, errors]])	创建字符串对象或者把字节串使用参数 encoding 指定的编码格式转换为字符串，相当于 bytes_or_buffer.decode(encoding)。直接调用 str()不加参数时返回空字符串''

（续）

函　　数	功能简要说明
sum(iterable, /, start=0)	返回参数 start 与可迭代对象 iterable 中所有元素相加之和，参数 start 默认值为 0
super() super(type) super(type, obj) super(type, type2)	返回当前类的基类
tuple(iterable=(), /)	把可迭代对象 iterable 转换为元组返回，不加参数时返回空元组
type(object_or_name, bases, dict) type(object) type(name, bases, dict)	查看对象类型或创建新类型
vars([object])	不带参数时等价于 locals()，带参数时等价于 object.__dict__
zip(*iterables)	组合一个或多个可迭代对象中对应位置上的元素，返回 zip 对象，其中每个元素为(seq1[i], seq2[i], ...)形式的元组，最终 zip 对象中可用的元组个数取决于所有参数可迭代对象中最短的那个

2.3.1　类型转换函数

（1）内置函数 bin( )、oct( )、hex( )用来将整数转换为二进制、八进制和十六进制形式。例如：

```
>>> bin(555)                      # 转换为二进制形式
'0b1000101011'
>>> oct(555)                      # 转换为八进制形式
'0o1053'
>>> hex(555)                      # 转换为十六进制形式
'0x22b'
```

（2）内置函数 float( )用来将其他类型数据转换为实数，complex( )可以用来转换为复数。例如：

```
>>> float(3)                      # 把整数转换为实数
3.0
>>> float('3.5')                  # 把数字字符串转换为实数
3.5
>>> float('inf')                  # 正无穷大
inf
>>> float('-inf')                 # 负无穷大
-inf
>>> complex(3, 5)                 # 根据实部和虚部返回复数
(3+5j)
>>> complex('3+4j')               # 把字符串形式的复数转换为复数
```

```
(3+4j)
>>> complex('3')                    # 只有实部，虚部为 0
(3+0j)
>>> complex(3)                      # 只有实部，虚部为 0
(3+0j)
>>> complex('3j')                   # 只有虚部，实部为 0
3j
```

（3）内置函数 int()用来把实数转换为整数，或者把整数字符串按指定进制（默认为十进制）转换为整数。例如：

```
>>> int(-3.8)                       # 直接取整数部分，把实数转换为整数
-3
>>> int(3.5)
3
>>> int('1111')                     # 把字符串转换为整数
1111
>>> int('\t 8 \n')                  # 自动忽略数字两侧的空白字符
8
>>> int('1111', 8)                  # 把'1111'看作八进制，转换成十进制整数
585
```

（4）ord()用来返回单个字符的 Unicode 编码，chr()用来返回 Unicode 编码对应的字符，str()直接将其任意类型参数整体转换为字符串。例如：

```
>>> ord('a')                        # 查看指定字符的 Unicode 编码
97
>>> list(map(ord, '董付国'))        # 获取字符串中每个字符的 Unicode 编码
                                    # map()函数的介绍详见 2.3.5 小节
                                    # list()用来把可迭代对象转换为列表
[33891, 20184, 22269]
>>> ''.join(map(chr, _))            # 把 Unicode 编码转换为汉字
                                    # 一个下画线表示上一次输出结果
                                    # join()是字符串的方法，用于连接字符串
'董付国'
>>> str([1, 2, 3])                  # 把列表变成字符串
'[1, 2, 3]'
>>> str((1, 2, 3))                  # 把元组变成字符串
'(1, 2, 3)'
>>> str({1, 2, 3})                  # 把集合变成字符串
'{1, 2, 3}'
```

（5）list()、tuple()、dict()、set()用来把其他类型的数据转换为列表、元组、字典和集合，或者创建空列表、空元组、空字典和空集合。例如：

```
>>> list()                              # 创建空列表，另外几个函数也有类似用法
[]
>>> list(range(5))                      # 把 range 对象转换为列表
[0, 1, 2, 3, 4]
>>> tuple(range(5))                     # 把 range 对象转换为元组
(0, 1, 2, 3, 4)
>>> dict(zip('123456', 'abcd'))         # 根据 zip 对象创建字典
                                        # zip()函数的用法详见 2.3.9 小节
{'1': 'a', '2': 'b', '3': 'c', '4': 'd'}
>>> dict(name='董付国', age=41)          # 根据指定的“键”和“值”创建字典
{'name': '董付国', 'age': 41}
>>> set('1111222334')                   # 创建可变集合，自动去除重复元素
                                        # 集合中的元素是无序的
{'4', '3', '2', '1'}
```

（6）内置函数 eval()用来计算字符串或字节串的值，在有些场合也可以用来实现类型转换的功能。例如：

```
>>> eval('3+5')                         # 计算字符串中表达式的值
8
>>> eval(b'3+5')                        # 引号前面加字母 b 表示字节串
8
>>> eval('[1, 2, 3, 4]')                # 字符串求值，还原为列表
[1, 2, 3, 4]
>>> list('[1, 2, 3, 4]')                # 把字符串中所有元素都转换为列表中的元素
                                        # 注意函数 list()和 eval()的区别
['[', '1', ',', ' ', '2', ',', ' ', '3', ',', ' ', '4', ']']
>>> eval('(1, 2, 3)')                   # 还原元组
(1, 2, 3)
>>> eval('{"a":97, "A":65}')            # 还原字典
{'a': 97, 'A': 65}
>>> eval('{1, 2, 3, 4, 3, 2}')          # 还原集合
{1, 2, 3, 4}
```

2.3.2　max()、min()、sum()

max()、min()、sum()这三个内置函数分别用于计算最大值、最小值以及所有元素之和，参数可以是列表、元组、字典、集合或其他包含有限个元素的可迭代对象。例如：

```
>>> x = [1, 2, 3, 4, 5]
>>> max(x), min(x), sum(x)              # 最大值，最小值，所有元素之和
```

```
(5, 1, 15)
>>> sum(x) / len(x)                   # 平均值
3.0
```

作为高级用法，函数 max()和 min()还支持 key 参数，用来指定排序规则，可以是函数、lambda 表达式或类的方法等可调用对象。例如：

```
>>> max(['55','111'])                       # 返回最大的字符串
'55'
>>> max(['999','1111'], key=len)            # 返回长度最大的字符串
'1111'
>>> max(['abc','ABD'], key=str.upper)       # 忽略大小写
'ABD'
>>> from random import choices              # choices()函数随机选择 k 个值
>>> data = [choices(range(10), k=8) for i in range(5)]
                                            # 列表推导式的内容详见 3.2 节
                                            # 列表 data 中有 5 个子列表
                                            # 每个子列表中有 8 个随机数字
                                            # 每个随机数字都在[0,10)区间上
>>> for row in data:                        # 循环，遍历并输出每个子列表
    print(row)


[3, 2, 0, 1, 7, 1, 2, 7]
[2, 7, 0, 1, 8, 4, 0, 3]
[6, 3, 0, 7, 3, 8, 2, 3]
[1, 7, 4, 3, 1, 4, 6, 8]
[9, 3, 3, 8, 3, 9, 8, 2]
>>> max(data, key=sum)                      # 元素之和最大的子列表
[9, 3, 3, 8, 3, 9, 8, 2]
>>> max(data, key=min)                      # 最小值最大的子列表
[9, 3, 3, 8, 3, 9, 8, 2]
>>> max(data, key=lambda row:row[7])        # 下标 7 的元素最大的子列表
[1, 7, 4, 3, 1, 4, 6, 8]
>>> max(data, key=lambda row:row[1]+row[4])
                                            # 下标 1、4 的元素之和最大的子列表
[2, 7, 0, 1, 8, 4, 0, 3]
```

当 sum()函数的参数序列中不是数字时，可以指定第二个参数表示累加的初始值。但是，这样的用法对于长序列会占用较多内存，不推荐使用。例如：

```
>>> sum([[1,2], [3,4], [5,6]], [])          # 等价于[]+[1,2]+[3,4]+[5,6]
[1, 2, 3, 4, 5, 6]
```

2.3.3　input()、print()

（1）内置函数 input()用来接收用户的键盘输入，不论用户输入什么内容，input()一律作为字符串返回，必要的时候可以使用内置函数 int()、float()或 eval()对用户输入的内容进行类型转换。例如：

```
>>> x = input('Please input: ')          # input()函数的参数表示提示信息
Please input: 345
>>> x
'345'
>>> type(x)                              # 把用户的输入作为字符串对待
<class 'str'>
>>> int(x)                               # 转换为整数
345
>>> x = input('Please input: ')
Please input: [1, 2, 3]
>>> x                                    # 不管用户输入什么，一律返回字符串
'[1, 2, 3]'
>>> type(x)
<class 'str'>
>>> eval(x)                              # 注意，这里不能使用 list()进行转换
[1, 2, 3]
```

（2）内置函数 print()用于以指定的格式输出信息，语法格式为：

```
print(value1, value2, ..., sep=' ', end='\n')
```

其中，sep 参数之前为需要输出的内容（可以有多个）；sep 参数用于指定数据之间的分隔符，如果不指定则默认为空格；end 参数表示输出完所有数据之后的结束符，如果不指定则默认为换行符。例如：

```
>>> print(1, 3, 5, 7, sep='\t')          # 使用制表符分隔多个值
1   3   5   7
>>> print(1, 3, 5, 7, sep=',')           # 使用逗号分隔多个值
1,3,5,7
>>> print(1, 3, 5, 7, sep='::')          # 使用双冒号分隔多个值
1::3::5::7
>>> for i in range(10):                  # 每输出一个元素后输出一个空格，不换行
    print(i, end=' ')                    # 注意，这里要按两次<Enter>键才会执行

0 1 2 3 4 5 6 7 8 9
>>> for i in range(10):                  # 每输出一个元素后输出一个逗号，不换行
    print(i, end=',')                    # 注意，最后一个输出后面也有一个逗号
```

```
0,1,2,3,4,5,6,7,8,9,
```

2.3.4 sorted()、reversed()

（1）sorted()可以对列表、元组、字典、集合或其他有限长度可迭代对象进行排序并返回新列表，支持使用 key 参数指定排序规则，key 参数的值可以是函数、类、lambda 表达式、方法等可调用对象。另外，还可以使用 reverse 参数指定是升序（False）排序还是降序（True）排序，如果不指定则默认为升序排序。例如：

```
>>> x = list(range(11))
>>> import random
>>> random.shuffle(x)                          # shuffle()用来随机打乱顺序
>>> x
[2, 4, 0, 6, 10, 7, 8, 3, 9, 1, 5]
>>> sorted(x)                                  # 按正常大小升序排序
[0, 1, 2, 3, 4, 5, 6, 7, 8, 9, 10]
>>> sorted(x, key=str)                         # 按转换成字符串后的大小升序排序
[0, 1, 10, 2, 3, 4, 5, 6, 7, 8, 9]
>>> sorted(x, key=lambda item:len(str(item)), reverse=True)
                                               # 按转换成字符串后的长度降序排序
                                               # 长度相同的元素保持原来的相对顺序
                                               # lambda 表达式的内容详见 8.4 节
[10, 2, 4, 0, 6, 7, 8, 3, 9, 1, 5]
>>> x = ['aaaa', 'bc', 'd', 'b', 'ba']
>>> sorted(x, key=lambda item: (len(item), item))
                                               # 先按长度排序，长度一样的按升序排序
['b', 'd', 'ba', 'bc', 'aaaa']
>>> num = random.choices(range(1,10), k=5)
                                               # 5 个介于[1,10)区间的随机数
>>> num
[6, 3, 3, 1, 5]
>>> int(''.join(sorted(map(str, num), reverse=True)))
                                               # 几位数字能够组成的最大数
65331
>>> int(''.join(sorted(map(str, num))))
                                               # 几位数字能够组成的最小数
13356
>>> data = random.choices(range(50), k=11)
                                               # 11 个介于[0, 50)区间的随机数
>>> data
[18, 38, 35, 5, 13, 48, 13, 2, 19, 47, 3]
```

```
>>> sorted(data)
[2, 3, 5, 13, 13, 18, 19, 35, 38, 47, 48]
>>> sorted(data)[len(data)//2]         # 中位数，即排序后中间位置上的数
18
```

在实际应用中，如果确实需要获取中位数，可以使用标准库 statistics 中的 median()函数，下面的代码使用这个函数直接返回了前面定义的列表 data 的中位数。一般来说，如果要计算中位数，原始数据的个数应为奇数。

```
>>> import statistics
>>> statistics.median(data)
18
```

（2）reversed()可以对可迭代对象（生成器对象和具有惰性求值特性的 zip、map、filter、enumerate、reversed 等类似的迭代器对象除外）进行翻转并返回可迭代的 reversed 对象。在使用时应注意，reversed 对象具有惰性求值特点，其中的元素只能使用一次，并且不支持使用内置函数 len()计算元素个数，也不支持使用内置函数 reversed()再次翻转。例如：

```
>>> x = ['aaaa', 'bc', 'd', 'b', 'ba']
>>> reversed(x)                        # 返回 reversed 对象
<list_reverseiterator object at 0x000002396C710400>
>>> list(reversed(x))                  # reversed 对象是可迭代的
['ba', 'b', 'd', 'bc', 'aaaa']
>>> ''.join(reversed('Hello world.'))
                                       # 返回翻转后的字符串
                                       # join()把多个字符串连接为一个长字符串
'.dlrow olleH'
>>> y = reversed(x)
>>> len(y)                             # 不支持内置函数 len()
TypeError: object of type 'list_reverseiterator' has no len()
>>> reversed(reversed(x))              # reversed 对象不支持 reversed()函数
TypeError: 'list_reverseiterator' object is not reversible
>>> 'd' in y                           # reversed 对象具有惰性求值特点
True
>>> 'd' in y                           # 每个元素只能使用一次
False
>>> 'b' in y                           # 上一行代码用完了所有元素
False
```

2.3.5　map()

内置函数 map()把一个可调用对象 func 依次映射到一个可迭代对象的每个元素或多个可迭代对象对应位置的元素上，并返回一个可迭代的 map 对象，其中每个元素是原可迭代对象中元素经过可调用对象 func 处理后的结果，map()函数不对原可

迭代对象做任何修改。例如：

```
>>> list(map(str, range(5)))        # 把列表中的元素转换为字符串
['0', '1', '2', '3', '4']
>>> x = ['aaaa', 'bc', 'd', 'b', 'ba']
>>> list(map(str.upper, x))         # 转换为大写
['AAAA', 'BC', 'D', 'B', 'BA']
>>> x = ['Hello', 'World']
>>> list(map(str.swapcase, x))      # 交换大小写
['hELLO', 'wORLD']
>>> sum(map(int, '1234'))           # 把字符串中每个字符转换为整数
                                    # 然后再求和
10
>>> ''.join(map(lambda item:item[0], x))
                                    # 获取列表 x 中每个字符串的首字符
                                    # 然后把首字符连接成字符串
'HW'
>>> def add5(v):                    # 单参数函数，接收一个参数，加 5 后返回
    return v+5

>>> list(map(add5, range(10)))      # 把 range(10)对象中每个元素加 5 返回
[5, 6, 7, 8, 9, 10, 11, 12, 13, 14]
>>> def add(x, y):                  # 可以接收 2 个参数的函数
    return x+y                      # 接收 2 个参数，返回它们的和

>>> list(map(add, range(5), range(5,10)))
                              # 把 range(5)和 range(5,10)对应位置的数字相加
[5, 7, 9, 11, 13]
```

2.3.6 reduce()

在 Python 3.x 中，reduce()不是内置函数，而是放到了标准库 functools 中，需要导入之后才能使用。函数 reduce()可以将一个接收 2 个参数的函数以迭代的方式从左到右依次作用到一个可迭代对象的所有元素上。例如，继续使用前面刚刚定义的函数 add()，那么表达式 reduce(add, [1, 2, 3, 4, 5])计算过程为((((1+2)+3)+4)+5)，第一次计算时 x 为 1 而 y 为 2，再次计算时 x 的值为(1+2)而 y 的值为 3，再次计算时 x 的值为((1+2)+3)而 y 的值为 4，以此类推，最终完成计算并返回((((1+2)+3)+4)+5)的值。再如：

```
>>> from functools import reduce
>>> reduce(add, range(1, 10))
45
```

上述代码运行过程如图 2-5 所示。

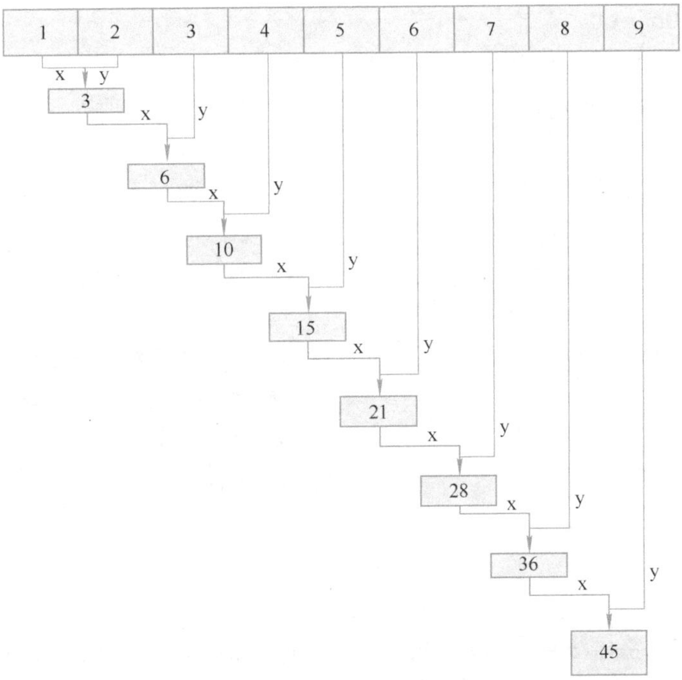

图 2-5　reduce()函数执行过程示意图

如果使用不同的函数作为 reduce()函数的第一个参数，可以实现不同的功能。例如：

```
>>> def func(x, y):
    return x*10 + y

>>> reduce(func, range(1,10))          # 前面的数字乘以 10 再加下一个数
123456789
```

2.3.7　filter()

内置函数 filter()使用指定函数描述的规则对可迭代对象中的元素进行过滤。在语法上，filter()函数将一个函数作用到一个可迭代对象上，返回其中使得该函数返回值等价于 True 的那些元素组成的 filter 对象，如果指定函数为 None，则返回其中等价于 True 的元素。

和生成器对象、map 对象、zip 对象、reversed 对象一样，filter 对象具有惰性求值的特点，其中每个元素只能使用一次。例如：

```
>>> seq = ['123', 'hello world', '.,?!', '567abc']
>>> list(filter(str.isdigit, seq))   # str 类的 isdigit 方法用来测试
                                     # 一个字符串是否只包含数字字符
['123']
>>> data = list(range(20))
>>> filterObject = filter(lambda x:x%2==1, data)
                                     # 过滤，只留下所有奇数
```

```
>>> filterObject
<filter object at 0x000001D602B85828>
>>> 3 in filterObject                      # 3 以及 3 之前的元素都访问过了
True
>>> list(filterObject)                     # 现在所有元素都访问过了
[5, 7, 9, 11, 13, 15, 17, 19]
>>> list(filterObject)                     # filterObject 中不再包含任何元素
[]
>>> list(filter(None, range(-3, 5))) # 第一个函数为 None
                                           # 过滤掉等价于 False 的元素
                                           # 对于数字而言，0 等价于 False
                                           # 所有非 0 的数字都等价于 True
[-3, -2, -1, 1, 2, 3, 4]
```

2.3.8 range()

range()函数的完整语法格式为 range([start,] stop [, step])，有 range(stop)、range(start, stop)和 range(start, stop, step)三种用法。该函数返回具有惰性求值特点的 range 对象，其中包含左闭右开区间[start, stop)内以 step 为步长的整数范围。其中参数 start 默认为 0，step 默认为 1。例如：

```
>>> range(5)                               # start 默认为 0，step 默认为 1
range(0, 5)
>>> list(range(5))                         # 把 range 对象转换为列表
[0, 1, 2, 3, 4]
>>> list(range(1, 10))                     # 指定 start 和 stop 参数
[1, 2, 3, 4, 5, 6, 7, 8, 9]
>>> list(range(1, 10, 2))                  # 同时指定 start、stop 和 step 参数
[1, 3, 5, 7, 9]
>>> list(range(9, 0, -2))                  # 步长为负数时，start 应比 stop 大
[9, 7, 5, 3, 1]
>>> list(range(5, 10, -1))                 # 否则不会包含任何元素
[]
```

2.3.9 zip()

zip()函数用来把多个可迭代对象中对应位置上的元素分别组合到一起，返回一个可迭代的 zip 对象，其中每个元素都是包含原来的多个可迭代对象对应位置上元素的元组，最终结果 zip 对象中包含的元素个数取决于所有参数可迭代对象中最短的那个。例如：

```
>>> list(zip('abcdef', [1, 2, 3]))          # 压缩字符串和列表
                                            # 结果长度取决于最短的参数序列
```

```
[('a', 1), ('b', 2), ('c', 3)]
>>> list(zip('123', 'abc', ',.!'))        # 可以处理任意多个可迭代对象
[('1', 'a', ','), ('2','b', '.'), ('3', 'c', '!')]
>>> for item in zip('abcd', range(3)):  # zip 对象是可迭代的
    print(item)

('a', 0)
('b', 1)
('c', 2)
>>> x = zip('abcd', '1234')
>>> list(x)
[('a', '1'), ('b', '2'), ('c', '3'), ('d', '4')]
>>> list(x)                               # 注意，zip 对象只能遍历一次
[]
```

本章知识要点

（1）Python 中的对象可以分为内置对象、自定义对象、标准库对象和扩展库对象，其中内置对象可以直接使用。

（2）在 Python 中，变量的值和类型都是随时可以发生改变的。从这个角度来讲，Python 属于动态类型编程语言。虽然 Python 变量的类型是随时可以发生变化的，但每个变量在任意时刻的类型都是确定的。从这个角度来讲，Python 属于强类型编程语言。

（3）在 Python 中，不需要事先声明变量名及其类型，使用赋值语句可以直接创建任意类型的变量，变量的类型取决于等号右侧表达式值的类型。

（4）在 Python 中，变量不直接存储值，而是存储值的内存地址或者引用，这也是变量类型随时可以改变的原因。

（5）Python 内置的数字类型有整数、实数和复数。

（6）Python 支持任意大的整数。

（7）字符串是包含若干字符的容器对象，使用单引号、双引号、三单引号或三双引号作为定界符，并且不同的定界符之间可以互相嵌套。

（8）在 Python 中，单个常量或变量可以看作最简单的表达式，使用任意运算符连接的式子也属于表达式，在表达式中也可以包含函数调用。

（9）Python 关系运算符可以连用，要求操作数之间必须可比较大小。当关系运算符作用于集合时，用来测试集合之间的包含关系；当作用于列表、元组或字符串时，逐个比较对应位置上的元素，直到得到确定的结论为止。

（10）集合的交集、并集、对称差集运算分别使用&、|和^运算符来实现，差集使用–运算符实现。

（11）and 和 or 具有惰性求值或逻辑短路的特点，当连接多个表达式时只计算必须要计算的值，并且最后计算的表达式的值作为整个表达式的值。

（12）内置函数不需要额外导入任何模块即可直接使用，具有非常快的运行速度，推荐优先使用。

（13）在 Python 3.x 中，reduce()不是内置函数，而是放到了标准库 functools 中，需要导入之后才能使用。

（14）内置函数 range()返回具有惰性求值特点的 range 对象，其中包含左闭右开区间[start, stop)内以 step 为步长的整数范围。

习题

1.（多选题）下面属于 Python 内置对象的有哪些？（　　）

A．str　　B．list　　C．dict　　D．set

2.（判断题）在 Python 中，不需要事先声明变量名及其类型，使用赋值语句可以直接创建任意类型的变量，变量的类型取决于等号右侧表达式值的类型。（　　）

3.（多选题）下面属于合法变量名的有哪些？（　　）

A．max　　B．while　　C．age　　D．name

4.（多选题）下面属于合法数字的有哪些？（　　）

A．0b1101　　B．0o784　　C．0xb2　　D．789

5.（单选题）已知 x = [1, 2]和 y = [3, 4]，那么 x+y 的结果是？（　　）

A．3　　B．7　　C．[1, 2, 3, 4]　　D．[4, 6]

6.（单选题）已知 x = [1, 2, 3]，那么 x*3 的值为？（　　）

A．6　　B．18　　C．[3, 6, 9]　　D．[1, 2, 3, 1, 2, 3, 1, 2, 3]

7.（填空题）表达式 1<3<5 的值是__________。

8.（填空题）表达式[3] in [5, 7, 3]的值是__________。

9.（填空题）表达式{1, 2, 3, 4}–{3, 4, 5}的值是__________。

10.（判断题）不论输入什么内容，内置函数 input()都返回字符串。（　　）

11.（填空题）表达式''.join(reversed('abcd'))的值是__________。

12.（判断题）Python 变量使用前必须先声明，并且一旦声明就不能在当前作用域内改变其类型。（　　）

13.（判断题）在 Python 程序中可以使用 if 作为变量名。（　　）

14.（判断题）表达式 len(map(str, range(5)))的值为 5。（　　）

15.（判断题）Python 中的整数不能太大，例如表达式 9999**99 的值就无法计算。（　　）

16.（填空题）表达式 1234%1000//100 的值为__________。

17.（填空题）表达式 3//5 的值为__________。

18.（填空题）表达式 round(3.14, 3)的值为__________。

19.（填空题）语句 print(1, 2, 3, sep=':')的输出结果为__________。

20.（填空题）表达式 abs(-3)的值为__________。

第 3 章　列表与元组

本章学习目标

- 熟练掌握列表和元组的概念
- 熟练掌握列表和元组提供的常用方法
- 熟练掌握常用内置函数对列表和元组的操作
- 熟练掌握列表和元组支持的运算符
- 理解列表在插入和删除元素时对索引的影响
- 熟练掌握列表推导式的语法和应用
- 理解列表与元组的相同点与不同点
- 熟练掌握生成器表达式的语法和应用
- 理解生成器对象的惰性求值特点
- 熟练掌握切片操作
- 熟练掌握序列解包的语法和应用

3.1　列表

列表是包含若干元素的有序连续内存空间，类似于其他语言里的数组，但提供了更加强大的功能。

在形式上，列表的所有元素放在一对方括号中，相邻元素之间使用逗号分隔。在 Python 中，同一个列表中元素的数据类型可以各不相同，可以同时包含整数、实数、复数、字符串等基本类型的元素，也可以包含列表、元组、字典、集合、函数或其他任意对象。一对空的方括号表示空列表。下面几个都是合法的列表对象：

```
[10, 20, 30, 40, 50, 60]
['crunchy frog', 'ram bladder', 'lark vomit']
['spam', 2.0, 5, [10, 20]]
[['file1', 200, 7], ['file2', 260, 9]]
[{5}, {5:6}, (1,)]
[map, filter, zip]
```

3.1.1　列表创建与删除

使用“=”直接将一个列表赋值给变量即可创建列表对象。例如：

```
>>> a_list = ['a', 'b', 'c', 'd', 'e']
```

```
>>> a_list = []                         # 创建空列表
```

也可以使用 list()函数把元组、range 对象、字符串、字典、集合或其他可迭代对象转换为列表。当一个列表不再使用时，可以使用 del 命令将其删除。例如：

```
>>> list((3, 5, 7, 9, 11))              # 将元组转换为列表
[3, 5, 7, 9, 11]
>>> list(range(1, 10, 2))               # 将 range 对象转换为列表
[1, 3, 5, 7, 9]
>>> list(map(str, range(10)))           # 将 map 对象转换为列表
['0', '1', '2', '3', '4', '5', '6', '7', '8', '9']
>>> list(zip('abcd', [1,2,3,4])) # 将 zip 对象转换为列表
[('a', 1), ('b', 2), ('c', 3), ('d', 4)]
>>> list(enumerate('Python'))           # 将 enumerate 对象转换为列表
[(0, 'P'), (1, 'y'), (2, 't'), (3, 'h'), (4, 'o'), (5, 'n')]
>>> list(filter(str.isdigit, 'a1b2c3d456'))
                                        # 将 filter 对象转换为列表
['1', '2', '3', '4', '5', '6']
>>> list('hello world')                 # 将字符串转换为列表
['h', 'e', 'l', 'l', 'o', ' ', 'w', 'o', 'r', 'l', 'd']
>>> list({3, 7, 5})                     # 将集合转换为列表，集合中的元素是无序的
[3, 5, 7]
>>> x = list()                          # 创建空列表
>>> del x                               # 删除列表对象
>>> x                                   # 对象删除后无法再访问，抛出异常
NameError: name 'x' is not defined
```

3.1.2 列表元素访问

列表、元组和字符串属于有序序列，其中的元素有严格的先后顺序，可以使用整数作为下标来随机访问其中任意位置上的元素。

列表、元组和字符串都支持双向索引，有效索引范围为[-L, L-1]，其中 L 表示列表、元组或字符串的长度。正向索引时，0 表示第 1 个元素，1 表示第 2 个元素，2 表示第 3 个元素，以此类推；反向索引时，-1 表示最后 1 个元素，-2 表示倒数第 2 个元素，-3 表示倒数第 3 个元素，以此类推。以列表['P', 'y', 't', 'h', 'o', 'n']为例，正向索引和反向索引的用法如下：

```
>>> x = list('Python')                  # 把字符串转换为列表
>>> x
['P', 'y', 't', 'h', 'o', 'n']
>>> x[0]                                # 下标为 0 的元素，第 1 个元素
'P'
>>> x[-2]                               # 下标为-2 的元素，倒数第 2 个元素
'o'
```

3.1.3　列表常用方法

列表对象常用的方法如表 3-1 所示，其中 lst 表示列表对象。

表 3-1　列表对象常用方法

方　法	功能描述
append(object, /)	将任意类型的对象 object 追加至当前列表的尾部，不影响当前列表中已有的元素下标，也不影响当前列表的引用，没有返回值（或者说返回空值 None，见第 8 章）
clear()	删除当前列表中所有元素，不影响列表的引用，没有返回值
copy()	返回当前列表的浅复制，把当前列表中所有元素的引用复制到新列表中
count(value, /)	返回值为 value 的元素在当前列表中的出现次数，如果当前列表中没有值为 value 的元素则返回 0，对当前列表没有任何影响
extend(iterable, /)	将可迭代对象 iterable 中所有元素追加至当前列表的尾部，不影响当前列表中已有的元素位置和列表的引用，没有返回值
insert(index, object, /)	在当前列表的 index 位置前面插入对象 object，该位置及后面所有元素自动向后移动，索引加 1，没有返回值
index(value, start=0, stop=9223372036854775807, /)	返回当前列表指定范围中第一个值为 value 的元素的索引，若不存在值为 value 的元素则抛出异常 ValueError，可以使用参数 start 和 stop 指定要搜索的下标范围，start 默认为 0 表示从头开始，stop 默认值为最大允许的下标值（默认值由 sys.maxsize 定义，在 64 位操作系统中对应 8 个字节能表示的最大整数）
pop(index=-1, /)	删除并返回当前列表中下标为 index 的元素，该位置后面的所有元素自动向前移动，索引减 1。index 默认为-1，表示删除并返回列表中最后一个元素。列表为空或者参数 index 指定的位置不存在时会引发异常 IndexError，不影响当前列表的引用
remove(value, /)	在当前列表中删除第一个值为 value 的元素，被删除元素所在位置之后的所有元素自动向前移动，索引减 1，不影响当前列表的引用，没有返回值；如果列表中不存在值为 value 的元素则抛出异常 ValueError
reverse()	对当前列表中的所有元素进行原地翻转，首尾交换，不影响当前列表的引用，没有返回值
sort(*, key=None, reverse=False)	对当前列表中的元素进行原地排序，是稳定排序（在指定规则下相等的元素保持原来的相对顺序）。参数 key 用来指定排序规则，可以为任意可调用对象；参数 reverse 为 False 表示升序，True 表示降序。不影响当前列表的引用，没有返回值

1. append()、insert()、extend()

append()用于向列表尾部追加一个元素，insert()用于向列表任意指定位置插入一个元素，extend()用于将参数可迭代对象中的所有元素追加至当前列表的尾部。例如：

```
>>> x = [1, 2, 3]
>>> x.append(4)                    # 在尾部追加元素
>>> x
[1, 2, 3, 4]
>>> x.index(3)                     # 查看 3 在列表中的下标
2
>>> x.insert(0, 0)                 # 在列表开始处插入元素 0
                                   # 后面的元素自动向后移动，索引加 1
```

```
>>> x
[0, 1, 2, 3, 4]
>>> x.index(3)
3
>>> x.extend([5, 6, 7])                    # 在尾部追加多个元素
>>> x
[0, 1, 2, 3, 4, 5, 6, 7]
```

2．pop()、remove()

pop()用于删除并返回指定位置上的元素，不指定位置时默认是最后一个，如果位置不存在会抛出异常；remove()用于删除列表中第一个值与指定值相等的元素，如果不存在则抛出异常。例如：

```
>>> x = [1, 2, 3, 4, 5, 6, 7]
>>> x.pop()                                # 删除并返回尾部元素
7
>>> x.pop(0)                               # 删除并返回第一个元素
1
>>> x
[2, 3, 4, 5, 6]
>>> x = [1, 2, 1, 1, 2]
>>> x.remove(2)                            # 删除第一个值为 2 的元素
>>> x
[1, 1, 1, 2]
```

在插入和删除元素时要注意，在列表中间位置插入或删除元素时，会导致该位置之后的元素后移或前移，效率较低，并且该位置后面所有元素在列表中的索引也会发生变化。一般来说，除非确实需要，否则应尽量避免在列表起始处或中间位置进行元素的插入和删除操作，这样能适当提高代码运行速度。

3．count()、index()

count()用于返回列表中指定元素出现的次数；index()用于返回指定元素在列表中首次出现的位置，如果不存在则抛出异常。例如：

```
>>> x = [1, 2, 2, 3, 3, 3, 4, 4, 4, 4]
>>> x.count(3)                             # 元素 3 在列表 x 中的出现次数
3
>>> x.index(2)                             # 元素 2 在列表 x 中首次出现的索引
1
>>> x.index(5)                             # 列表 x 中没有 5，抛出异常
ValueError: 5 is not in list
```

4．sort()、reverse()

列表的 sort()方法用于按照指定的规则对列表中所有元素进行排序，其中 key 参数用来指定排序规则，可以是函数、方法、lambda 表达式等可调用对象，不指定排序规则时默认按照

元素的大小直接进行排序；reverse 参数用来指定升序排序还是降序排序，默认升序排序，如果需要降序排序可以指定参数 reverse=True。列表的 reverse()方法用于翻转列表所有元素。例如：

```
>>> x = list(range(11))                     # 包含 11 个整数的列表
>>> import random
>>> random.shuffle(x)                       # 把列表 x 中的元素随机乱序
>>> x
[6, 0, 1, 7, 4, 3, 2, 8, 5, 10, 9]
>>> x.sort(key=lambda item:len(str(item)), reverse=True)
                                            # 按转换成字符串以后的长度降序排列
>>> x
[10, 6, 0, 1, 7, 4, 3, 2, 8, 5, 9]
>>> x.sort(key=str)                         # 按转换为字符串后的大小升序排序
>>> x
[0, 1, 10, 2, 3, 4, 5, 6, 7, 8, 9]
>>> x.sort()                                # 按默认规则升序排序
>>> x
[0, 1, 2, 3, 4, 5, 6, 7, 8, 9, 10]
>>> x.reverse()                             # 把所有元素翻转或逆序
>>> x
[10, 9, 8, 7, 6, 5, 4, 3, 2, 1, 0]
```

3.1.4　列表对象支持的运算符

列表、元组和字符串都支持下面的几个运算符，本小节重点介绍列表对这些运算符的支持。

（1）加法运算符+可以连接两个列表，得到一个新列表。例如：

```
>>> x = [1, 2, 3]
>>> x = x + [4]
>>> x
[1, 2, 3, 4]
```

（2）乘法运算符*可以用于列表和整数相乘，表示序列重复，返回新列表。例如：

```
>>> x = [1, 2, 3]
>>> x * 2
[1, 2, 3, 1, 2, 3]
```

（3）成员测试运算符 in 可用于测试列表中是否包含某个元素。例如：

```
>>> 3 in [1, 2, 3]
True
>>> [3] in [1, 2, 3]
False
```

（4）关系运算符可以用来比较两个列表的大小。例如：

```
>>> [1, 2, 4] > [1, 2, 3, 5]
```

```
True
>>> [1, 2, 3, 4] > [1, 2, 3]
True
```

3.1.5 内置函数对列表的操作

很多 Python 内置函数可以对列表进行操作，其中大部分也同样适用于元组、字符串、字典和集合。例如：

```
>>> x = list(range(11))                  # 生成列表
>>> import random
>>> random.shuffle(x)                    # 打乱列表中元素顺序
>>> x
[0, 6, 10, 9, 8, 7, 4, 5, 2, 1, 3]
>>> all(x)                               # 测试是否所有元素都等价于 True
False
>>> any(x)                               # 测试是否存在等价于 True 的元素
True
>>> max(x)                               # 返回最大值
10
>>> max(x, key=str)                      # 按指定规则返回最大值
9
>>> min(x)                               # 最小值
0
>>> sum(x)                               # 所有元素之和
55
>>> len(x)                               # 列表元素个数
11
>>> list(zip(x, [1]*11))                 # 两个列表中的元素重新组合
[(0, 1), (6, 1), (10, 1), (9, 1), (8, 1), (7, 1), (4, 1), (5, 1), (2, 1),
(1, 1), (3, 1)]
>>> list(zip(['a', 'b', 'c'], [1, 2]))
                                         # 如果两个列表不等长，以短的为准
[('a', 1), ('b', 2)]
>>> list(enumerate(x))                   # 把 enumerate 对象转换为列表
                                         # 也可以转换成元组、集合等
[(0, 0), (1, 6), (2, 10), (3, 9), (4, 8), (5, 7), (6, 4), (7, 5), (8, 2),
(9, 1), (10, 3)]
>>> list('董付国'.encode())              # encode()是字符串的方法，见 6.3.2 节
                                         # 默认使用 UTF8 进行编码
[232, 145, 163, 228, 187, 152, 229, 155, 189]
```

```
>>> bytes(_)                          # 把列表中的字节连接成为字节串
b'\xe8\x91\xa3\xe4\xbb\x98\xe5\x9b\xbd'
>>> _.decode()                        # decode()是字节串的方法
                                      # 默认使用 UTF8 进行解码
'董付国'
```

3.2　列表推导式语法与应用

列表推导式可以使用非常简洁的方式对列表或其他可迭代对象的元素进行遍历、过滤或再次计算，快速生成满足特定需求的新列表。列表推导式的语法形式为

```
[expression  for item1 in iterable1 if condition1
             for item2 in iterable2 if condition2
             for item3 in iterable3 if condition3
             ...
             for itemN in iterableN if conditionN]
```

列表推导式在逻辑上等价于一个循环语句（见 7.1.3 小节），只是形式上更加简洁。

例 3-1　使用列表模拟向量，使用列表推导式模拟两个等长向量的加法、减法、内积运算以及向量与标量之间的乘法运算。代码如下：

```
>>> xList = list(range(5))
>>> yList = list(range(5,10))
>>> [x+y for x,y in zip(xList,yList)]        # 向量加法
[5, 7, 9, 11, 13]
>>> [x-y for x,y in zip(xList,yList)]        # 向量减法
[-5, -5, -5, -5, -5]
>>> sum([x*y for x,y in zip(xList,yList)])  # 内积
80
>>> [x*5 for x in xList]                     # 向量与标量相乘
[0, 5, 10, 15, 20]
```

上面的向量加法代码相当于：

```
>>> zList = []
>>> for x,y in zip(xList,yList):
    zList.append(x+y)


>>> zList
[5, 7, 9, 11, 13]
```

例 3-2　使用列表推导式查找列表中最大元素出现的所有位置。代码如下：

```
>>> from random import randint
>>> x = [randint(1, 10) for i in range(20)] # 20 个介于[1, 10]的整数
>>> x
```

```
[6, 10, 4, 8, 9, 10, 9, 9, 6, 9, 2, 8, 5, 8, 10, 9, 3, 7, 10, 7]
>>> m = max(x)
>>> m
10
>>> [index for index, value in enumerate(x) if value == m]
                                              # 最大整数的所有出现位置
[1, 5, 14, 18]
```

例 3-3 在列表推导式中同时遍历多个列表或可迭代对象。代码如下：

```
>>> xList = [1, 2, 3]
>>> yList = [3, 1, 4]
>>> [(x,y) for x,y in zip(xList,yList)]
[(1, 3), (2, 1), (3, 4)]
>>> [(x, y) for x in xList for y in yList]
[(1, 3), (1, 1), (1, 4), (2, 3), (2, 1), (2, 4), (3, 3), (3, 1), (3, 4)]
>>> [(x, y) for x in xList if x==1 for y in yList if y!=x]
[(1, 3), (1, 4)]
```

上面最后一段代码等价于：

```
>>> result = []
>>> for x in xList:
    if x == 1:
        for y in yList:
            if y != x:
                result.append((x,y))

>>> result
[(1, 3), (1, 4)]
```

例 3-4 使用列表推导式模拟矩阵转置。代码如下：

```
>>> from random import sample
>>> matrix = [sample(range(1,20),8) for i in range(5)]
>>> for row in matrix:                  # 输出原始矩阵
    print(row)


[19, 7, 5, 12, 18, 14, 17, 9]
[12, 18, 9, 13, 7, 15, 8, 1]
[5, 2, 17, 4, 18, 12, 1, 9]
[4, 12, 8, 11, 9, 15, 17, 16]
[2, 5, 11, 7, 9, 4, 16, 8]
>>> result = [[row[i] for row in matrix]
              for i in range(len(matrix[0]))]
```

```
>>> for row in result:                    # 输出转置后的矩阵
    print(row)

[19, 12, 5, 4, 2]
[7, 18, 2, 12, 5]
[5, 9, 17, 8, 11]
[12, 13, 4, 11, 7]
[18, 7, 18, 9, 9]
[14, 15, 12, 15, 4]
[17, 8, 1, 17, 16]
[9, 1, 9, 16, 8]
```

上面列表推导式的代码等价于：

```
>>> result = []
>>> for i in range(len(matrix[0])):
    newRow = []
    for row in matrix:
        newRow.append(row[i])
    result.append(newRow)

>>> for row in result:                    # 输出结果略
    print(row)
```

在实际开发时，如果需要计算矩阵的转置，可以直接使用 Python 扩展库 numpy 提供的功能来实现。例如：

```
>>> import numpy as np
>>> matrix = np.matrix([[1,2,3,4], [5,6,7,8], [9,10,11,12]])
>>> matrix
matrix([[ 1,  2,  3,  4],
        [ 5,  6,  7,  8],
        [ 9, 10, 11, 12]])
>>> matrix.T                              # 矩阵转置
matrix([[ 1,  5,  9],
        [ 2,  6, 10],
        [ 3,  7, 11],
        [ 4,  8, 12]])
```

也可以使用函数式编程的思路编写更加简洁的代码。例如：

```
>>> matrix = [[1,2,3,4], [5,6,7,8], [9,10,11,12]]
>>> for row in matrix:                    # 输出原始矩阵中的每一行
    print(row)
```

```
[1, 2, 3, 4]
[5, 6, 7, 8]
[9, 10, 11, 12]
>>> result = list(map(list, zip(*matrix)))
>>> for row in result:              # 输出转置后的矩阵中的每一行
    print(row)


[1, 5, 9]
[2, 6, 10]
[3, 7, 11]
[4, 8, 12]
```

例 3-5 编写代码，根据定义计算样本标准差。代码如下：

```
x = [3, 7, 23, 21, 8, 10]
avg = sum(x) / len(x)
s = [(xi-avg)**2 for xi in x]
s = (sum(s)/len(s)) ** 0.5
print(s)
```

运行结果：

```
7.394
```

在实际开发中，如果需要计算样本标准差，可以直接使用 Python 扩展库 numpy 提供的功能来实现。例如：

```
>>> x = np.array([3, 7, 23, 21, 8, 10])
>>> x.std()
7.3936910042729442
```

3.3 元组与生成器表达式

3.3.1 元组创建与元素访问

在形式上，元组的所有元素放在一对圆括号中，元素之间使用逗号分隔，如果元组中只有一个元素则必须在最后增加一个逗号。可以把元组看作轻量级列表或者简化版列表，支持很多和列表类似的操作，但功能要比列表简单很多。例如：

```
>>> x = (1, 2, 3)       # 创建元组
>>> x[0]                # 元组支持使用下标访问特定位置的元素
1
>>> x[-1]               # -1 表示最后一个元素的下标，元组也支持双向索引
3
>>> x = (3,)            # 如果元组中只有一个元素，必须在后面多写一个逗号
>>> x
```

```
(3,)
>>> x = (5)                          # 如果不加逗号，括号也没有作用
>>> x
5
>>> x = 3,5,7                        # 使用逗号分隔多个数据
                                     # 虽然没有圆括号，但也是创建元组
>>> x
(3, 5, 7)
>>> x = ()                           # 空元组
>>> x = tuple()                      # 空元组
>>> tuple(range(5))                  # 使用tuple()将其他可迭代对象转换为元组
(0, 1, 2, 3, 4)
>>> tuple(map(str, range(5)))        # 将 map 对象转换为元组
('0', '1', '2', '3', '4')
>>> tuple({5, 9, 13, 2})             # 将集合转换为元组，集合是无序的
(9, 13, 2, 5)                        # 不同版本的运行结果可能不同
```

3.3.2 元组与列表的区别

列表和元组都属于有序序列，都支持使用双向索引随机访问其中的元素，以及使用 count()方法统计指定元素的出现次数和 index()方法获取指定元素的索引，len()、map()、zip()、enumerate()、filter()等大量内置函数以及+、*、in 等运算符也都可以作用于列表和元组。虽然有着一定的相似之处，但列表与元组的外在表现和内部实现都有着很大的不同。

元组属于不可变序列，不可以直接修改元组中元素的引用，也无法为元组增加或删除元素。元组没有提供 append()、extend()和 insert()等方法，无法向元组中添加元素。同样，元组也没有 remove()和 pop()方法，不能从元组中删除元素。

元组也支持切片操作，但是只能通过切片来访问元组中的元素，不允许使用切片来修改元组中元素的值，也不支持使用切片操作来为元组增加或删除元素。

元组的访问速度比列表略快，开销略小。如果定义了一系列常量值，主要用途只是对它们进行遍历或其他类似操作，那么一般建议使用元组而不用列表。

元组在内部实现上不允许修改其元素引用，从而使得代码更加安全。例如，调用函数时使用元组传递参数可以防止在函数中修改元组，使用列表则无法保证这一点。

最后，作为不可变序列，与整数、字符串一样，元组可用作字典的键，也可以作为集合的元素。列表不能当作字典键使用，也不能作为集合中的元素，因为列表是可变的。

3.3.3 生成器表达式

生成器表达式的用法与列表推导式非常相似，只不过在形式上生成器表达式使用圆括号作为定界符。生成器表达式的结果是一个生成器对象，具有惰性求值的特点，只在需要时生成新元素，比列表推导式具有更高的效率，空间占用非常少，尤其适合大数据处理的场合。

使用生成器对象的元素时，可以根据需要将其转换为列表或元组，也可以使用内置函数 next()从前向后逐个访问其中的元素，或者直接使用 for 循环来遍历其中的元素。但是不管用哪种方法访问其元素，访问过的元素不可再次访问。当所有元素访问结束以后，如果需要重新访问其中的元素，必须重新创建该生成器对象。另外，生成器对象不支持使用下标访问其中的元素。内置函数 enumerate()、filter()、map()、zip()、reversed()返回的对象也具有同样的特点。例如：

```
>>> g = ((i+2)**2 for i in range(10))    # 创建生成器对象
>>> g
<generator object <genexpr> at 0x0000000003095200>
>>> tuple(g)                             # 将生成器对象转换为元组
(4, 9, 16, 25, 36, 49, 64, 81, 100, 121)
>>> list(g)                              # 生成器对象已遍历结束
[]
>>> g = ((i+2)**2 for i in range(10))    # 重新创建生成器对象
>>> next(g)                        # 使用函数 next()获取生成器对象中的元素
4
>>> next(g)
9
>>> g = ((i+2)**2 for i in range(10))
>>> for item in g:                 # 使用循环遍历生成器对象中的元素
    if item > 50:
        break
    print(item, end=' ')

4 9 16 25 36 49
```

3.4 切片语法与应用

切片是用来获取列表、元组、字符串等有序序列中部分元素的一种语法。在形式上，切片使用 2 个冒号分隔的 3 个数字来表示：

```
[start:end:step]
```

其中，第一个数字 start 表示切片开始位置，默认为 0；第二个数字 end 表示切片截止（但不包含）位置，默认为列表、元组或字符串的长度；第三个数字 step 表示切片的步长，默认为 1，省略步长时还可以同时省略最后一个冒号。另外，当 step 为负整数时，表示反向切片，这时 start 应该在 end 的右侧。

切片操作适用于列表、元组、字符串和 range 对象，但作用于列表时具有最强大的功能。不仅可以使用切片来截取列表中的任何部分返回得到一个新列表，也可以通过切片来修改和删除列表中部分元素，甚至可以通过切片操作为列表对象增加元素。

（1）使用切片获取列表部分元素。使用切片可以返回列表中部分元素组成的新列表。当切片范围超出列表边界时，不会因为下标越界而抛出异常，而是简单地在列表尾部截断或者返回一个空列表，代码具有更强的健壮性。例如：

```
>>> aList = [3, 4, 5, 6, 7, 9, 11, 13, 15, 17]
>>> aList[:]                    # 返回包含原列表中所有元素的新列表
[3, 4, 5, 6, 7, 9, 11, 13, 15, 17]
>>> aList[::-1]                 # 返回包含原列表中所有元素的逆序列表
[17, 15, 13, 11, 9, 7, 6, 5, 4, 3]
>>> aList[::2]                  # 从下标 0 开始，隔一个取一个
[3, 5, 7, 11, 15]
>>> aList[3:6]                  # 指定切片的开始和结束位置
[6, 7, 9]
>>> aList[0:100]                # 切片结束位置大于列表长度时，从列表尾部截断
[3, 4, 5, 6, 7, 9, 11, 13, 15, 17]
```

（2）使用切片为列表增加元素。可以使用切片操作在列表任意位置插入新元素，例如：

```
>>> aList = [3, 5, 7]
>>> aList[len(aList):] = [9] # 在列表尾部增加元素
>>> aList[:0] = [1, 2]          # 在列表头部插入多个元素
>>> aList[3:3] = [4]            # 在列表中间位置插入元素
>>> aList
[1, 2, 3, 4, 5, 7, 9]
```

（3）使用切片替换和修改列表中的元素。例如：

```
>>> aList = [3, 5, 7, 9]
>>> aList[:3] = [1, 2, 3]       # 替换列表元素，等号两边的列表长度相等
>>> aList
[1, 2, 3, 9]
>>> aList[3:] = [4, 5, 6]       # 切片连续，等号两边的列表长度可以不相等
>>> aList
[1, 2, 3, 4, 5, 6]
>>> aList[::2] = ['a', 'b', 'c'] # 隔一个修改一个
>>> aList
['a', 2, 'b', 4, 'c', 6]
>>> aList[::2] = [1]        # 切片不连续时等号两边列表长度必须相等，否则出错
ValueError: attempt to assign sequence of size 1 to extended slice of size 3
```

（4）使用切片删除列表中的元素。例如：

```
>>> aList = [3, 5, 7, 9]
>>> aList[:3] = []                      # 删除列表中前 3 个元素
>>> aList
[9]
```

也可以使用 del 命令与切片结合来删除列表中的部分元素，此时切片可以不连续。例如：

```
>>> aList = [3, 5, 7, 9, 11]
>>> del aList[:3]                        # 切片元素连续，删除前 3 个元素
>>> aList
[9, 11]
>>> aList = [3, 5, 7, 9, 11]
>>> del aList[::2]                       # 切片元素不连续，隔一个删一个
>>> aList
[5, 9]
```

例 3-6 使用内置函数 filter()和列表切片操作实现筛选法求指定范围内的素数。代码如下：

```
maxNumber = int(input('请输入一个自然数：'))
lst = list(range(2, maxNumber))
# 最大整数的平方根
m = int(maxNumber**0.5)
for index, value in enumerate(lst):
    # 如果当前数字已大于最大整数的平方根，结束判断
    if value > m:
        break
    # 对该位置之后的元素进行过滤
    lst[index+1:] = filter(lambda x: x%value != 0,
                           lst[index+1:])
print(lst)
```

运行结果：

```
请输入一个自然数：100
[2, 3, 5, 7, 11, 13, 17, 19, 23, 29, 31, 37, 41, 43, 47, 53, 59, 61, 67,
71, 73, 79, 83, 89, 97]
```

3.5 序列解包

序列解包的本质是对多个变量同时进行赋值，也就是把一个可迭代对象中的多个元素的值同时赋值给多个变量，要求等号左侧变量的数量和等号右侧值的数量必须一致。

序列解包也可以用于列表、元组、字典、集合、字符串，以及 enumerate 对象、filter 对象、zip 对象、map 对象等。对字典使用时，默认是对字典“键”进行操作。如果需要对“键:值”元素进行操作，需要使用字典的 items()方法说明；如果需要对字典“值”进行操作，需要使用字典的 values()方法明确指定。例如：

```
>>> x, y, z = 1, 2, 3                    # 多个变量同时赋值
>>> x, y, z = (False, 3.5, 'exp')        # 元组支持序列解包
>>> x, y, z = [1, 2, 3]                  # 列表支持序列解包
>>> x, y = y, x                          # 交换两个变量的值
```

```
>>> x, y, z = range(3)                        # range 对象支持序列解包
>>> x, y, z = map(int, '123')                 # map 对象支持序列解包
>>> s = {'a':1, 'b':2, 'c':3}
>>> b, c, d = s                               # 对字典的键进行解包
>>> b
'a'
>>> b, c, d = s.items()                       # 对字典的元素进行解包
>>> b
('a', 1)
>>> b, c, d = s.values()                      # 对字典的值进行解包
>>> print(b, c, d)
1 2 3
>>> keys = ['a', 'b', 'c', 'd']
>>> values = [1, 2, 3, 4]
>>> for k, v in zip(keys, values):            # 同时遍历多个序列中对应位置上的元素
    print(k, v)

a 1
b 2
c 3
d 4
>>> x = ['a', 'b', 'c']
>>> for i, v in enumerate(x):                 # 遍历元素，同时获取对应的下标
    print(i, v)

0 a
1 b
2 c
>>> s = {'a':1, 'b':2, 'c':3}
>>> for k, v in s.items():                    # 遍历每个元素的“键”和“值”
    print(k, v)

a 1
c 3
b 2
```

本章知识要点

（1）列表是包含若干元素的有序连续内存空间，类似于其他语言里的数组，但提供了更

加强大的功能。

（2）列表、元组和字符串都支持双向索引，有效索引范围为[-L, L-1]，其中 L 表示列表、元组或字符串的长度。正向索引时，0 表示第 1 个元素，1 表示第 2 个元素，2 表示第 3 个元素，以此类推；反向索引时，-1 表示最后 1 个元素，-2 表示倒数第 2 个元素，-3 表示倒数第 3 个元素，以此类推。

（3）列表推导式可以使用非常简洁的方式对列表或其他可迭代对象的元素进行遍历、过滤或再次计算，快速生成满足特定需求的新列表。

（4）元组中只有一个元素时必须在最后增加一个逗号。

（5）元组属于不可变序列，不可以直接修改元组中元素的值，也无法为元组增加或删除元素。

（6）生成器表达式的结果是一个生成器对象，具有惰性求值的特点，只在需要时生成新元素，比列表推导式具有更高的效率，空间占用非常少，尤其适合大数据处理的场合。

（7）切片操作适用于列表、元组、字符串和 range 对象，但作用于列表时具有最强大的功能。不仅可以使用切片来截取列表中的任何部分返回得到一个新列表，也可以通过切片来修改和删除列表中部分元素，甚至可以通过切片操作为列表对象增加元素。

（8）序列解包的本质是对多个变量同时进行赋值，也就是把一个可迭代对象中的多个元素的值同时赋值给多个变量，要求等号左侧变量的数量和等号右侧值的数量必须一致。

习题

1.（填空题）假设列表对象 aList 的值为[3, 4, 5, 6, 7, 9, 11, 13, 15, 17]，那么切片 aList[3:7]得到的值是__________。

2.（填空题）已知 x = [3, 5, 7]，那么执行语句 x[len(x):] = [1, 2]之后，x 的值为__________。

3.（填空题）已知 x = [1, 2, 3, 2, 3]，执行语句 x.pop()之后，x 的值为__________。

4.（填空题）已知 x=[3, 5, 7, 3, 7]，那么表达式[index for index, value in enumerate(x) if value == max(x)]的值为__________。

5.（填空题）已知 vec = [[1,2], [3,4]]，则表达式[[row[i] for row in vec] for i in range(len(vec[0]))]的值为__________。

6.（填空题）已知 x = [1, 2, 3, 2, 3]，执行语句 x.remove(2)之后，x 的值为__________。

7.（填空题）已知列表 x = [1, 2, 3]，那么执行语句 x.insert(0, 4)之后，x 的值为__________。

8.（填空题）执行代码 x, y, z = sorted([1, 3, 2]) 之后，变量 y 的值为__________。

9.（填空题）表达式 (1, 2, 3)+(4, 5) 的值为__________。

10.（填空题）执行语句 x, y, z = map(str, range(3)) 之后，变量 y 的值为__________。

11.（填空题）已知列表 x = [1, 2]，那么执行语句 x.append([3])之后，x 的值为__________。

第4章　字　　典

本章学习目标

- 理解字典元素的“键”和“值”的对应关系
- 熟练掌握字典get()方法的用法
- 理解为字典增加元素和修改元素“值”的语法
- 熟练使用字典解决实际问题

4.1　基本概念

字典属于容器类对象，其中包含若干元素，每个元素包含“键”和“值”两部分，这两部分之间使用冒号分隔，表示一种对应关系，不同元素之间用逗号分隔，所有元素放在一对大括号中。字典是无序的，使用字典时一般不需要关心元素的顺序。字典是可变的，可以动态地增加、删除元素，也可以随时修改元素的“值”。

字典中元素的“键”可以是Python中任意不可变数据，如整数、实数、复数、字符串、元组等类型，但不能使用列表、集合、字典或其他可变类型作为字典的“键”，包含列表等可变数据的元组也不能作为字典的“键”。另外，字典中的“键”不允许重复，“值”是可以重复的。

4.2　字典创建与删除

Python支持多种创建字典的形式，当不再需要时，可以直接使用del语句删除字典。例如：

```
>>> aDict = {'IP':'127.0.0.1', 'port':80}    # 直接赋值，创建字典对象
>>> x = dict()                               # 创建空字典
>>> x = {}                                   # 创建空字典
>>> keys = ['a', 'b', 'c', 'd']
>>> values = [1, 2, 3, 4]
>>> aDict = dict(zip(keys, values))          # 根据zip对象创建字典
                                             # zip对象每个元素中包含两个值
                                             # 第一个值作为字典元素的“键”
                                             # 第二个值作为字典元素的“值”
```

```
>>> aDict
{'a': 1, 'b': 2, 'c': 3, 'd': 4}
>>> aDict = dict(name='Dong', age=39)        # 以参数的名字作为字典元素的“键”
                                             # 以参数的值作为字典元素的“值”
>>> aDict
{'name': 'Dong', 'age': 39}
>>> aDict = dict.fromkeys(['name', 'age', 'sex'])
                                             # 以给定的数据作为“键”
                                             # 创建“值”为空的字典
>>> aDict
{'name': None, 'age': None, 'sex': None}
>>> del aDict                                # 删除字典 aDict
>>> words = ['Hello', 'Python', 'World']
>>> {word:word.upper() for word in words}# 使用字典推导式创建字典
{'Hello': 'HELLO', 'Python': 'PYTHON', 'World': 'WORLD'}
```

4.3 字典元素访问

字典支持下标运算，把“键”作为下标并返回对应的“值”，如果字典中不存在这个“键”会抛出异常。使用下标访问元素“值”时，一般建议配合选择结构或者异常处理结构，以避免代码异常引发崩溃。例如：

```
>>> aDict = {'age': 39, 'name': 'Dong', 'sex': 'male'}
>>> aDict['age']                      # 指定的“键”存在，返回对应的“值”
39
>>> aDict['address']                  # 指定的“键”不存在，抛出异常
KeyError: 'address'
>>> if 'address' in aDict:            # 使用选择结构确保“键”存在
    print(aDict['address'])
else:
    print('Error')

Error
>>> try:                              # 使用异常处理结构避免代码引发异常而崩溃
    print(aDict['age'])
except:
    print('指定的键不存在，请检查。')

39
```

推荐使用字典的 get()方法获取指定"键"对应的"值"，如果指定的"键"不存在，get()方法会返回空值或指定的默认值。例如：

```
>>> aDict.get('age')                    # 字典中存在该"键"，返回对应的"值"
39
>>> aDict.get('address', 'Not Exists.')
                                        # 指定的"键"不存在，返回指定的默认值
'Not Exists.'
```

字典对象支持元素迭代，可以将其转换为列表或元组，也可以使用 for 循环遍历其中的元素。在这样的场合中，默认情况下是遍历字典的"键"，如果需要遍历字典的元素必须使用字典对象的 items()方法明确说明，如果需要遍历字典的"值"则必须使用字典对象的 values()方法明确说明。当使用 len()、max()、min()、sum()、sorted()、enumerate()、map()、filter()等内置函数以及成员测试运算符 in 对字典对象进行操作时，也遵循同样的约定。例如：

```
>>> sock = {'IP': '127.0.0.1', 'port': 80}
>>> list(sock)                          # 字典的"键"
['IP', 'port']
>>> tuple(sock.items())                 # 字典的元素
(('IP', '127.0.0.1'), ('port', 80))
>>> for value in sock.values():         # 字典的"值"
    print(value)

127.0.0.1
80
>>> 80 in sock                          # 这时测试的是字典的"键"
False
>>> 80 in sock.values()                 # 这时测试的是字典的"值"
True
```

4.4 字典元素添加、修改与删除

当以指定"键"为下标为字典元素赋值时，有两种含义：①若该"键"存在，表示修改该"键"对应的值；②若不存在，表示添加一个新元素。例如：

```
>>> sock = {'IP': '127.0.0.1', 'port': 80}
>>> sock['port'] = 8080                 # 修改元素值
>>> sock['protocol'] = 'TCP'            # 添加新元素
>>> sock
{'IP': '127.0.0.1', 'port': 8080, 'protocol': 'TCP'}
```

使用字典对象的 update()方法可以将另一个字典的元素一次性全部添加到当前字典对象中，如果两个字典中存在相同的"键"，则以另一个字典中的"值"为准对当前字典进行更新。例如：

```
>>> sock = {'IP': '127.0.0.1', 'port': 80}
>>> sock.update({'IP':'192.168.9.62', 'protocol':'TCP'})
                                        # 修改'IP'这个“键”对应的值
                                        # 同时增加新元素'protocol':'TCP'
>>> sock
{'IP': '192.168.9.62', 'port': 80, 'protocol': 'TCP'}
```

可以使用字典对象的 pop()方法删除指定“键”对应的元素，同时返回对应的“值”。字典方法 popitem()用于删除并返回一个包含两个元素的元组，其中的两个元素分别是字典元素的“键”和“值”。另外，也可以使用 del 命令删除指定的“键”对应的元素。例如：

```
>>> sock.popitem()                      # 随机删除并返回一个元素
('protocol', 'TCP')
>>> sock.pop('IP')                      # 删除并返回指定“键”对应的元素
'192.168.9.62'
>>> del sock['port']                    # 删除指定“键”对应的元素
>>> sock
{}
```

4.5 字典应用案例

例 4-1 首先生成包含 1000 个随机数字字符的字符串，然后统计每个数字的出现次数。代码如下：

```
from string import digits
from random import choice

z = ''.join(choice(digits) for i in range(1000))
result = {}
for ch in z:
    result[ch] = result.get(ch,0) + 1
for digit, fre in sorted(result.items()):
    print(digit, fre, sep=':')
```

运行结果：

```
0:106
1:119
2:103
3:89
4:90
5:103
6:87
7:109
```

```
8:96
9:98
```

在实际应用中，如果需要统计一些数据的出现频次，可以直接使用 Python 标准库 collections 中的 Counter 类来实现。例如：

```
>>> import collections
>>> import random
>>> data = random.choices(range(10), k=100)
>>> freq = collections.Counter(data)
>>> freq.most_common(1)              # 查看出现次数最多的元素及其次数
[(9, 13)]
```

例 4-2 假设已有大量用户对若干电影的评分数据，现有某用户，也看过一些电影并进行过评分，要求根据已有打分数据为该用户进行精准推荐。要求尽量推荐与该用户喜欢的电影类型相同的电影（或者说，根据与该用户爱好最相似的用户打分数据进行推荐），如果有多个可能的电影，则推荐打分最高的电影。代码如下：

```
from random import randrange

# 历史电影打分数据，一共 10 个用户，每个用户对 3 到 9 个电影进行评分
# 每个电影的评分最低 1 分最高 5 分，这里是字典推导式和集合推导式的用法
data={'user'+str(i):{'film'+str(randrange(1,15)):randrange(1,6)
                     for j in range(randrange(3, 10))}
      for i in range(10)}

# 模拟当前用户打分数据，为 5 部随机电影打分
user={'film'+str(randrange(1,15)):randrange(1,6) for i in range(5)}
# 最相似的用户及其对电影打分情况
# 要求两个用户共同打分的电影最多，并且所有电影打分差值的平方和最小
f = lambda item:(-len(item[1].keys()&user),
                 sum(((item[1].get(film)-user.get(film))**2
                     for film in user.keys()&item[1].keys())))
similarUser, films = min(data.items(), key=f)

# 在输出结果中，第一列表示两个人共同打分的电影的数量
# 第二列表示二人打分之间的相似度，数字越小表示越相似
# 然后是该用户对电影的打分数据
print('known data'.center(50, '='))
for item in data.items():
    print(len(item[1].keys()&user.keys()),
          sum(((item[1].get(film)-user.get(film))**2
              for film in user.keys()&item[1].keys())),
```

```
        item,
        sep=':')
print('current user'.center(50, '='))
print(user)
print('most similar user and his films'.center(50, '='))
print(similarUser, films, sep=':')
print('recommended film'.center(50, '='))
# 在当前用户没看过的电影中选择打分最高的进行推荐
print(max(films.keys()-user.keys(),key=lambda film:films[film]))
```

代码运行结果如图 4-1 所示。

```
===================known data===================
4:18:('user0', {'film9': 1, 'film5': 1, 'film10': 5, 'film4': 5, 'film12': 3, 'film1': 5, 'film14': 1})
3:1:('user1', {'film14': 3, 'film6': 2, 'film9': 5, 'film3': 4, 'film4': 4, 'film13': 4})
2:13:('user2', {'film7': 5, 'film3': 2, 'film2': 1, 'film6': 2, 'film10': 1, 'film13': 5})
1:1:('user3', {'film7': 4, 'film1': 1, 'film5': 4, 'film11': 1, 'film6': 4})
3:14:('user4', {'film5': 4, 'film11': 1, 'film2': 1, 'film9': 1, 'film13': 2, 'film6': 5, 'film14': 1})
1:1:('user5', {'film5': 2, 'film1': 3, 'film11': 2})
4:4:('user6', {'film3': 5, 'film5': 2, 'film10': 3, 'film9': 3, 'film6': 4, 'film12': 4, 'film4': 5})
2:10:('user7', {'film3': 5, 'film1': 4, 'film8': 4, 'film10': 1})
2:13:('user8', {'film6': 3, 'film5': 5, 'film2': 5, 'film9': 1, 'film1': 1})
2:2:('user9', {'film3': 5, 'film13': 3, 'film12': 3, 'film2': 5, 'film14': 4, 'film7': 3, 'film1': 4})
==================current user==================
{'film9': 4, 'film14': 3, 'film3': 4, 'film5': 3, 'film10': 4}
=========most similar user and his films==========
user6:{'film3': 5, 'film5': 2, 'film10': 3, 'film9': 3, 'film6': 4, 'film12': 4, 'film4': 5}
================recommended film================
film4
```

图 4-1 例 4-2 运行结果

本章知识要点

（1）字典中元素的“键”可以是 Python 中任意不可变数据，如整数、实数、复数、字符串、元组等类型，但不能使用列表、集合、字典或其他可变类型作为字典的“键”，包含列表等可变数据的元组也不能作为字典的“键”。

（2）字典中的“键”不允许重复，“值”是可以重复的。

（3）字典支持下标运算，把下标作为“键”并返回对应的“值”，如果字典中不存在这个“键”会抛出异常。

（4）推荐使用字典的 get()方法获取指定“键”对应的“值”，如果指定的“键”不存在，get()方法会返回空值或指定的默认值。

（5）当以指定“键”为下标为字典元素赋值时，有两种含义：①若该“键”存在，表示修改该“键”对应的值；②若不存在，表示添加一个新元素。

习题

1.（判断题）字典中的“键”不允许重复，“值”可以重复。（　　）

2.（判断题）包含列表的元组可以作为字典的“键”。（　　）

3.（填空题）已知 x = {1:2, 2:3}，那么表达式 x.get(3, 4)的值为__________。

4.（填空题）已知 x = {1:2, 2:3}，那么表达式 x.get(2, 4)的值为__________。

5.（判断题）字典对象支持元素迭代，可以将其转换为列表或元组，也可以使用 for 循环遍历其中的元素。在这样的场合中，默认情况下是遍历字典的“键”，如果需要遍历字典的元素必须使用字典对象的 items()方法明确说明，如果需要遍历字典的“值”则必须使用字典对象的 values()方法明确说明。（ ）

6.（填空题）Python 内置函数__________可以返回列表、元组、字典、集合、字符串以及 range 对象中元素个数。

7.（填空题）假设有列表 a = ['name', 'age', 'sex'] 和 b = ['Dong', 38, 'Male']，使用 dict 类将这两个列表的内容转换为字典 c，并且以列表 a 中的元素为“键”，以列表 b 中的元素为“值”，这个语句可以写为__________。

8.（填空题）列表、元组、字典、集合中多个元素之间都使用__________分隔。

9.（填空题）字典中每个元素的“键”与“值”之间使用__________分隔。

10.（填空题）字典对象的__________方法可以获取指定“键”对应的“值”，并且可以在指定“键”不存在的时候返回指定的默认值，如果不指定默认值则返回 None。

11.（填空题）字典对象的__________方法返回字典中所有的“键:值”对，每个元素对应于一个元组。

12.（填空题）字典对象的__________方法返回字典所有的“键”。

13.（填空题）字典对象的__________方法返回字典所有的“值”。

14.（填空题）已知 x = {1:2}，那么执行语句 x[2] = 3 之后，x 的值为__________。

15.（填空题）已知 x = {1:1, 2:2}，那么执行语句 x[2] = 4 之后，len(x)的值为__________。

16.（填空题）已知 x = {1:2, 2:3, 3:4}，那么表达式 sum(x)的值为__________。

17.（填空题）已知 x = {1:2, 2:3, 3:4}，那么表达式 sum(x.values())的值为__________。

18.（填空题）表达式 sorted({'a':3, 'b':9, 'c':78})的值为__________。

19.（单选题）已知 x = {1: 'a', 2: 'b', 3: 'c'}和 y = {1, 3, 4}，那么表达式 x.keys() - y 的值为（ ）。

A. {2}　　B. {3}　　C. {1, 3}　　D. 表达式错误，无法计算

20.（单选题）单选题：已知 x = {1: 3, 2: 1, 3: 1}和 y = {1, 3, 4}，那么表达式 x.values() -y 的值为（ ）。

A. {2}　　B. {3}　　C. {1, 3}　　D. 表达式错误，无法计算

第5章 集　合

本章学习目标

- 理解集合中元素不重复的特点
- 熟练掌握使用集合去除重复内容的用法
- 理解并熟练掌握集合运算
- 熟悉内置函数对集合的操作

5.1 基本概念

Python 集合是无序的、可变的容器对象，所有元素放在一对大括号中，元素之间使用逗号分隔，同一个集合内的每个元素都是唯一的，不允许重复。

集合中只能包含数字、字符串、元组等不可变类型的数据，而不能包含列表、字典、集合等可变类型的数据，包含列表等可变类型数据的元组也不能作为集合的元素。

集合中的元素是无序的，元素存储顺序和添加顺序并不一致。集合不支持使用下标直接访问特定位置上的元素，不支持切片，也不支持使用 random 中的 choice()函数从集合中随机选取元素，但支持使用 random 模块中的 sample()函数随机选取部分元素（Python 3.9 之后不再推荐使用，Python 3.11 开始不再支持）。

5.2 集合创建与删除

直接将集合赋值给变量即可创建一个集合对象。需要注意的是，字典和集合都使用大括号作为定界符，但 Python 规定一对空的大括号是字典而不是集合。例如：

```
>>> a = {3, 5}                          # 创建集合对象
>>> x = {3, 5, [2]}                     # 集合中每个元素都必须是不可变的
TypeError: unhashable type: 'list'
```

也可以使用 set()函数将列表、元组、字符串、range 对象等其他有限长度可迭代对象转换为集合，如果原来的数据中存在重复元素，在转换为集合的时候只保留一个，自动去除重复元素。如果原序列或迭代对象中有可变类型的数据，无法转换成为集合，则抛出异常。当不再使用某个集合时，可以使用 del 语句删除整个集合。例如：

```
>>> set([0, 1, 2, 3, 0, 1, 2, 3, 7, 8])
                                        # 转换时自动去掉重复元素
{0, 1, 2, 3, 7, 8}
```

```
>>> set('Hello world')                 # 把字符串转换为集合，自动去除重复字符
{' ', 'd', 'r', 'o', 'w', 'l', 'H', 'e'}
>>> x = set()                          # 空集合
>>> set([(1,2), (3,)])                 # 只包含简单值的元组可以作为集合的元素
{(1, 2), (3,)}
>>> set([(1,2), (3,), {4}])            # 集合不能作为集合的元素
TypeError: unhashable type: 'set'
```

5.3 集合常用操作与运算

5.3.1 集合元素增加与删除

（1）add()方法用来增加新元素，如果该元素已存在则忽略该操作，不会抛出异常；update()方法用于合并另外一个集合中的元素到当前集合中，并自动去除重复元素。例如：

```
>>> s = {20, 30, 50}
>>> s                                  # 自动调整顺序，不需要关心这一点
{50, 20, 30}
>>> s.add(40)
>>> s
{40, 50, 20, 30}
>>> s.add(25)                          # 自动调整顺序
>>> s
{40, 50, 20, 25, 30}
>>> s.add(25)                          # 集合中已经有 25，该操作被忽略
>>> s
{40, 50, 20, 25, 30}
>>> s.update({30, 70})                 # 自动忽略重复的元素
>>> s
{70, 40, 50, 20, 25, 30}
```

（2）pop()方法用于随机删除并返回集合中的一个元素，如果集合为空则抛出异常；remove()方法用于删除集合中的元素，如果指定元素不存在则抛出异常；discard()方法用于从集合中删除一个特定元素，元素不在集合中时直接忽略该操作。例如：

```
>>> s.discard(50)                      # 删除 50
>>> s
{70, 40, 20, 25, 30}
>>> s.discard(3)                       # 集合中没有 3，该操作被忽略
>>> s
{70, 40, 20, 25, 30}
>>> s.remove(3)                        # 使用 remove()方法会抛出异常
```

```
KeyError: 3
>>> s.pop()                              # 随机弹出并删除一个元素
70
>>> s
{40, 20, 25, 30}
```

5.3.2 集合运算

Python 集合支持数学意义上的交集、并集、差集等运算，使用相应运算符即可直接实现。例如：

```
>>> a_set = set([8, 9, 10, 11, 12, 13])
>>> b_set = {0, 1, 2, 3, 7, 8}
>>> a_set | b_set                        # 并集，返回新集合
                                         # 自动忽略重复元素
{0, 1, 2, 3, 7, 8, 9, 10, 11, 12, 13}
>>> a_set & b_set                        # 交集
{8}
>>> a_set - b_set                        # 差集
{9, 10, 11, 12, 13}
>>> a_set ^ b_set                        # 对称差集
{0, 1, 2, 3, 7, 9, 10, 11, 12, 13}
```

关系运算符作用于集合时表示集合之间的包含关系，而不是集合中元素的大小关系。对于任意两个集合 A 和 B，如果 A<B 不成立，不代表 A>=B 就一定成立。例如：

```
>>> {1, 2, 3} < {1, 2, 3, 4}             # 第一个集合是第二个集合的真子集
True
>>> {1, 3, 2} <= {1, 2, 3}               # 第一个集合是第二个集合的子集
True
>>> {1, 2, 5} > {1, 2, 4}                # 第二个集合不是第一个集合的子集
False
```

5.3.3 内置函数对集合的操作

内置函数 len()、max()、min()、sum()、sorted()、map()、filter()、enumerate()等也适用于集合，含义与作用于列表、元组或字典时一样。例如：

```
>>> x = {1, 8, 30, 2, 5}
>>> x                                    # 集合元素的存储顺序和写入顺序不一样
{1, 2, 5, 8, 30}
>>> len(x)                               # 返回元素个数
5
>>> max(x)                               # 返回最大值
30
```

```
>>> sum(x)                              # 所有元素之和
46
>>> sorted(x)                           # 内置函数sorted()总是返回列表
[1, 2, 5, 8, 30]
>>> list(map(str, x))
['1', '2', '5', '8', '30']
>>> list(filter(lambda item:item%5==0, x))
                                        # 支持filter()函数，保留能被5整除的数
[5, 30]
>>> list(enumerate(x))                  # 支持enumerate()函数
[(0, 1), (1, 2), (2, 5), (3, 8), (4, 30)]
>>> all(x)                              # 检查是否所有元素都等价于True
True
>>> any(x)                              # 检查是否有元素等价于True
True
>>> list(zip(x))                        # 支持zip()函数
[(1,), (2,), (5,), (8,), (30,)]
>>> list(reversed(x))                   # 不支持reversed()函数
TypeError: 'set' object is not reversible
```

5.4 集合应用案例

例 5-1 过滤书评，如果一条书评中重复的字超过一定比例就认为无效。代码如下：

```
comments = ['这是一本非常好的书，作者用心了',
            '作者大大辛苦了',
            '好书，感谢作者提供了这么多的好案例',
            '书在运输的路上破损了，我好悲伤。。。',
            '为啥我买的书上有菜汤。。。。',
            '啊啊啊啊啊啊，我怎么才发现这么好的书啊，相见恨晚',
            '好好好好好好好好好好好',
            '虽然读起来比较轻松，但还是自己运行一下代码理解更深刻',
            '书的内容很充实',
            '你的书上好多代码啊，不过想想也是，编程的书嘛，肯定代码多一些',
            '书很不错!!一级棒!!买书就上当当，正版，价格又实惠，让人放心!!!',
            '无意中来到你小铺就淘到心仪的宝贝，心情不错！',
            '送给朋友的、很不错',
            '这真是一本好书，讲解内容深入浅出又清晰明了，强烈推荐。']

# 定义过滤规则，如果不重复的字超过70%才认为有效
```

```
rule = lambda s:len(set(s))/len(s)>0.7
# 使用内置函数 filter()对书评进行过滤
result = filter(rule, comments)
print('过滤后的书评：')
for comment in result:
    print(comment)
```

运行结果：

```
过滤后的书评：
这是一本非常好的书，作者用心了
作者大大辛苦了
好书，感谢作者提供了这么多的好案例
书在运输的路上破损了，我好悲伤…
为啥我买的书上有菜汤…
虽然读起来比较轻松，但还是自己运行一下代码理解更深刻
书的内容很充实
你的书上好多代码啊，不过想想也是，编程的书嘛，肯定代码多一些
书很不错!!一级棒!!买书就上当当，正版，价格又实惠，让人放心!!!
无意中来到你小铺就淘到心仪的宝贝，心情不错!
送给朋友的、很不错
这真是一本好书，讲解内容深入浅出又清晰明了，强烈推荐。
```

例 5-2 使用集合实现筛选法求解不大于指定自然数的所有素数。代码如下：

```
n = int(input('请输入一个自然数：'))
# 生成指定范围的候选整数，使用集合存储
numbers = set(range(2, n))

# 最大数的平方根
m = int(n**0.5) + 1

# 遍历最大整数平方根之内的自然数
for p in range(2, m):
    for i in range(2, n//p+1):
        # 在集合中删除数字 p 的所有倍数
        numbers.discard(i*p)

print(numbers)
```

运行结果：

```
请输入一个自然数：100
```

```
{2, 3, 5, 7, 11, 13, 17, 19, 23, 29, 31, 37, 41, 43, 47, 53, 59, 61, 67, 71, 73, 79, 83, 89, 97}
```

例 5-3 统计给定字符串中每个字符的出现次数，要求使用集合。代码如下：

```
from string import digits
from random import choices

# 生成包含 100 个随机数字字符的字符串
# join()是字符串的方法，用于把多个字符串连接成为更长的字符串，见 6.3.5 节
text = ''.join(choices(digits, k=100))
# 转换为集合，只保留唯一字符
uniqueCharacters = set(text)
# 统计每个唯一字符的出现次数，count()是字符串方法
for ch in uniqueCharacters:
    print(ch, text.count(ch), sep=':')
```

某次运行结果：

```
6:18
1:7
3:12
2:8
7:10
9:10
0:5
4:11
5:4
8:15
```

本章知识要点

（1）Python 集合是无序的、可变的容器对象，所有元素放在一对大括号中，元素之间使用逗号分隔，同一个集合内的每个元素都是唯一的，不允许重复。

（2）集合中的元素是无序的，元素存储顺序和添加顺序并不一致。

（3）集合不支持使用下标直接访问特定位置上的元素，也不支持使用 random 中的 choice()函数从集合中随机选取元素，但支持使用 random 模块中的 sample()函数随机选取部分元素（适用于 Python 3.8 以及之前的版本）。

（4）字典和集合都使用大括号作为定界符，但 Python 内部认为一对空的大括号是字典而不是集合。

（5）可以使用 set()函数将列表、元组、字符串、range 对象等其他有限长度可迭代对象转

换为集合，如果原来的数据中存在重复元素，在转换为集合的时候只保留一个，自动去除重复元素。

（6）关系运算符作用于集合时表示集合之间的包含关系，而不是集合中元素的大小关系。对于任意两个集合 A 和 B，如果 A<B 不成立，不代表 A>=B 就一定成立。

习题

1.（判断题）集合中的元素不允许重复。（　　）

2.（判断题）集合中的元素是无序的。（　　）

3.（判断题）集合不支持使用下标访问特定位置上的元素。（　　）

4.（判断题）使用集合的 add()方法增加元素时，如果元素已存在，会自动忽略该操作。（　　）

5.（判断题）使用集合的 pop()方法弹出元素时，如果集合中没有该元素，抛出异常。（　　）

6.（填空题）表达式{1, 2, 3} & {3, 4, 5}的值为__________。

7.（填空题）表达式{1, 2, 3} < {1, 2, 4}的值为__________。

8.（填空题）表达式{1, 2, 3} | {3, 4, 5}的值为__________。

9.（填空题）表达式 set([1, 1, 2, 3])的值为__________。

10.（填空题）表达式{1, 2, 3} | {2, 3, 4}的值为__________。

11.（填空题）表达式{1, 2, 3} & {2, 3, 4}的值为__________。

12.（填空题）表达式{1, 2, 3} - {3, 4, 5}的值为__________。

13.（填空题）表达式{3, 4, 5} - {1, 2, 3}的值为__________。

14.（填空题）表达式{1, 2, 3} < {1, 2, 4}的值为__________。

15.（填空题）表达式{1, 2, 3} < {1, 2, 4, 3}的值为__________。

16.（填空题）表达式{1, 2, 3} == {1, 3, 2}的值为__________。

17.（填空题）已知 x = {1, 2, 3}，那么执行语句 x.add(3)之后，x 的值为__________。

18.（填空题）已知 x = {1, 2}，那么执行语句 x.add(3)之后，x 的值为__________。

19.（单选题）已知 x = {1: 'a', 2: 'b', 3: 'c'}和 y = {1, 3, 4}，那么表达式 x.keys() - y 的值为（　　）。

A．{2}　　B．{3}　　C．{1, 3}　　D．表达式错误，无法计算

20.（单选题）已知 x = {1: 3, 2: 1, 3: 1} 和 y = {1, 3, 4}，那么表达式 x.values() - y 的值为（　　）。

A．{2}　　B．{3}　　C．{1, 3}　　D．表达式错误，无法计算

第 6 章　字符串

本章学习目标

- 理解字符串不可变的特点
- 了解常用编码格式之间的区别
- 了解字符串和字节串的概念
- 了解字符串和字节串之间的相互转换
- 了解转义字符的概念
- 熟练运用字符串方法
- 熟练运用字符串支持的运算符
- 熟练运用字符串支持的内置函数
- 理解并熟练运用标准库 zlib 进行数据压缩
- 了解分词和拼音处理的扩展库用法

6.1　字符串编码格式

最早的字符串编码是美国标准信息交换码 ASCII，采用 1 个字节进行编码，表示能力非常有限，仅对 10 个数字、26 个大写英文字母、26 个小写英文字母及一些其他符号进行了编码。在 ASCII 码表中，数字字符是连续编码的，字符 0 的 ASCII 码是 48，字符 1 的 ASCII 码是 49，以此类推；大写字母也是连续编码的，大写字母 A 的 ASCII 码是 65，大写字母 B 的 ASCII 码是 66，以此类推；小写字母也是连续编码的，小写字母 a 的 ASCII 码是 97，小写字母 b 的 ASCII 码是 98，以此类推。

GB 2312—1980 是我国制定的中文编码，使用 1 个字节兼容 ASCII 码，使用 2 个字节表示中文。GBK 是 GB 2312—1980 的扩充，CP936 是微软在 GBK 基础上开发的编码方式。GB 2312—1980、GBK 和 CP936 都是使用 2 个字节表示中文，一般不对这三种编码格式进行区分。

UTF8 对全世界所有国家的文字进行了编码，使用 1 个字节兼容 ASCII 码，使用 3 个字节表示常用汉字。

GB 2312—1980、GBK、CP936、UTF8 对英文字符的处理方式是一样的，同一串英文字符使用不同编码方式编码得到的字节串是一样的。

对于中文字符，不同编码格式之间的实现细节相差很大，同一个中文字符串使用不同编码格式得到的字节串是完全不一样的。在理解字节串内容时必须清楚使用的编码规则并进行正确的解码，如果解码格式不正确就无法还原信息。同样的中文字符串存入使用不同编码格式的文本文件时，实际写入的二进制串可能会不同，但这并不影响我们使用，文本编辑器会自动识别和处理。

6.2 转义字符与原始字符串

转义字符是指在字符串中某些特定的符号前加一个反斜线之后，将被解释为另外一种含义，不再表示本来的字符。常用转义字符如表 6-1 所示。

表 6-1 常用转义字符

转义字符	含 义	转义字符	含 义
\b	退格，把光标移动到前一列位置	\\	表示一个斜线\
\f	换页符	\'	单引号'
\n	换行符	\"	双引号"
\r	回车	\ooo	3 位八进制数对应的字符
\t	水平制表符	\xhh	2 位十六进制数对应的字符
\v	垂直制表符	\uhhhh	4 位十六进制数表示的 Unicode 字符

在编写程序时如果不注意的话，转义字符可能会带来一点麻烦。例如，下面的代码试图使用变量 path 表示一个文件路径，但是本来表示路径分隔符的反斜线和后面的字母 n 恰好组成转义字符表示换行符，这样一来 path 变量就无法表示文件路径了，从而导致打开文件失败。

```
>>> path = 'C:\Python39\news.txt'
>>> fp = open(path)                    # 打开文件失败
OSError: [Errno 22] Invalid argument: 'C:\\Python39\news.txt'
>>> print(path)                        # 字符串中\和 n 恰好组成换行符\n
C:\Python39
ews.txt
```

为了避免对字符串中的字符进行转义，可以使用原始字符串。在字符串前面加上字母 r 或 R 表示原始字符串，其中的所有字符都表示原始的含义而不会进行任何转义。例如：

```
>>> path = r'C:\Python39\news.txt'
>>> fp = open(path)                    # 成功打开文件
>>> print(fp.read(10))                 # 读取并输出前 10 个字符
++++++++++
>>> fp.close()                         # 关闭文件
```

6.3 字符串常用方法与操作

除了可以使用内置函数和运算符对字符串进行操作，Python 字符串对象自身还提供了大量方法用于字符串的检测、替换和排版等操作。需要注意的是，字符串对象是不可变的，字符串对象提供的涉及字符串“修改”的方法都是返回修改后的新字符串，并不对原始字符串做任何修改。

6.3.1 format()

字符串方法 format()用于把数据格式化为特定格式的字符串，该方法通过格式字符串进行调用，在格式字符串中使用{index/name:fmt}作为占位符，其中 index 表示 format()方法的参数序号，或者使用 name 表示参数名称，fmt 表示格式以及相应的修饰。常用的格式主要有 b（二进制格式）、c（把整数转换成 Unicode 字符）、d（十进制格式）、o（八进制格式）、x（小写十六进制格式）、X（大写十六进制格式）、e/E（科学计数法格式）、f/F（固定长度的浮点数格式）、%（使用固定长度浮点数显示百分数）。

Python 3.6.x 之后的版本支持在数字常量的中间位置使用单个下画线作为分隔符来提高可读性，相应地，字符串格式化方法 format()也提供了对下画线的支持。例如：

```
>>> print('{0:.3f}'.format(1/3))                    # 保留 3 位小数
0.333
>>> '{0:%}'.format(3.5)                             # 格式化为百分数
'350.000000%'
>>> '{0:.2%}'.format(3.5)                           # 保留 2 位小数
'350.00%'
>>> '{0:10.2%}'.format(3.5)                         # 设置占 10 个字符宽度，右对齐
'   350.00%'
>>> '{0:<10.2%}'.format(3.5)                        # 小于号表示左对齐
'350.00%   '
>>> 'The number {0:,} in hex is: {0:#x}, in oct is {0:#o}'.format(55)
The number 55 in hex is: 0x37, in oct is 0o67
>>> 'The number {0:,} in hex is: {0:x}, the number {1} in oct is {1:o}'.format(5555, 55)
The number 5,555 in hex is: 15b3, the number 55 in oct is 67
>>> 'The number {1} in hex is: {1:#x}, the number {0} in oct is {0:#o}'.format(5555, 55)   # 注意，格式#o 和前面 o 的不同
The number 55 in hex is: 0x37, the number 5555 in oct is 0o12663
>>> 'my name is {name}, my age is {age}, and my QQ is {qq}'.format(name="Dong", qq="306467***", age=38)
my name is Dong, my age is 38, and my QQ is 306467***
>>> "I'm {age:d} years old".format(age=0o51)
"I'm 41 years old"
>>> '{0:<8d},{0:^8d},{0:>8d}'.format(65)# 左对齐，居中对齐，右对齐
'65      ,   65   ,      65'
>>> '{0:_},{0:_x}'.format(10000000)                 # 使用下画线作为千分位分隔符
                                                    # Python 3.6.0 及更高版本支持
'10_000_000,98_9680'
>>> weather = [('Monday','rainy'), ('Tuesday','sunny'),
```

```
                ('Wednesday','sunny'),
                ('Thursday','rainy'),  ('Friday','cloudy')]
>>> formatter = "Weather of '{0[0]}' is '{0[1]}'".format
>>> for item in weather:                   # 使用列表中每个元素进行格式化
    print(formatter(item))

Weather of 'Monday' is 'rainy'
Weather of 'Tuesday' is 'sunny'
Weather of 'Wednesday' is 'sunny'
Weather of 'Thursday' is 'rainy'
Weather of 'Friday' is 'cloudy'
>>> for item in map(formatter,weather): # 使用 map()函数实现同样效果
    print(item)                         # 输出结果略
```

从 Python 3.6.x 开始支持一种新的字符串格式化方式，官方叫作 Formatted String Literals，简称 f-字符串，其含义与字符串对象的 format()方法类似，但形式更加简洁。其中大括号里面的变量名表示占位符，在进行格式化时，使用前面定义的同名变量的值对格式化字符串中的占位符进行替换。如果该变量没有定义，则抛出异常。例如：

```
>>> name = 'Dong'
>>> age = 41
>>> f'My name is {name}, and I am {age} years old.'
'My name is Dong, and I am 41 years old.'
>>> f'my address is {address}'             # 没有 address 变量，抛出异常
NameError: name 'address' is not defined
```

6.3.2 encode()

字符串方法 encode()使用指定的编码格式把字符串编码为字节串，默认使用 UTF8 编码格式。与之对应，字节串方法 decode()使用指定的编码格式把字节串解码为字符串，默认使用 UTF8 编码格式。由于不同编码格式的规则不一样，使用一种编码格式编码得到的字节串一般无法使用另一种编码格式进行正确解码。例如：

```
>>> bookName = '《Python 可以这样学》'
>>> bookName.encode()                      # 使用 UTF8 编码
b'\xe3\x80\x8aPython\xe5\x8f\xaf\xe4\xbb\xa5\xe8\xbf\x99\xe6\xa0\xb7\xe5\xad\xa6\xe3\x80\x8b'
>>> bookName.encode('gbk')                 # 使用 GBK 编码
b'\xa1\xb6Python\xbf\xc9\xd2\xd4\xd5\xe2\xd1\xf9\xd1\xa7\xa1\xb7'
>>> bookName = '《Python 程序设计开发宝典》'
>>> bookName.encode().decode()             # 使用 UTF8 编码再解码，成功
'《Python 程序设计开发宝典》'
>>> bookName.encode().decode('gbk')        # 使用 UTF8 编码再使用 GBK 解码，
```

```
                                                # 失败
UnicodeDecodeError: 'gbk' codec can't decode byte 0xae in position 19:
illegal multibyte sequence
```

6.3.3　find()、rfind()、index()、rindex()、count()

字符串方法 find()和 rfind()分别用来查找另一个字符串在当前字符串中首次和最后一次出现的位置，如果不存在则返回–1；index()和 rindex()方法分别用来返回另一个字符串在当前字符串中首次和最后一次出现的位置，如果不存在则抛出异常；count()方法用来返回另一个字符串在当前字符串中出现的次数，如果不存在则返回 0。例如：

```
>>> text = 'Explicit is better than implicit.'
>>> text.find('i')                          # 字符 i 的首次出现位置
4
>>> text.rfind('i')                         # 最后一次出现的位置
30
>>> text.rindex('t')                        # 字符 t 的最后出现位置
31
>>> text.index('t')                         # 首次出现位置
7
>>> text.index('o')                         # 字符 o 不存在，抛出异常
ValueError: substring not found
>>> text.find('o')                          # 返回-1
-1
>>> text.count('i')                         # 统计字符 i 在 text 中出现的次数
6
>>> text = '''
东边来个小朋友叫小松，手里拿着一捆葱。
西边来个小朋友叫小丛，手里拿着小闹钟。
小松手里葱捆得松，掉在地上一些葱。
小丛忙放闹钟去拾葱，帮助小松捆紧葱。
小松夸小丛像雷锋，小丛说小松爱劳动。
'''
>>> for index, ch in enumerate(text):      # 查找每个汉字的首次出现位置
    if ch not in ('\n','，','。') and index == text.index(ch):
        print((index, ch), end= '')

(1, '东')(2, '边')(3, '来')(4, '个')(5, '小')(6, '朋')(7, '友')(8, '叫')
(10, '松')(12, '手')(13, '里')(14, '拿')(15, '着')(16, '一')(17, '捆')(18,
'葱')(21, '西')(30, '丛')(37, '闹')(38, '钟')(47, '得')(50, '掉')(51, '在')
(52, '地')(53, '上')(55, '些')(61, '忙')(62, '放')(65, '去')(66, '拾')(69,
```

```
'帮')(70, '助')(74, '紧')(76, '.')(80, '夸')(83, '像')(84, '雷')(85, '锋')(89,
'说')(92, '爱')(93, '劳')(94, '动')
    >>> for index, ch in enumerate(text):    # 查找每个汉字的最后出现位置
        if ch not in ('\n','，','。') and index == text.rindex(ch):
            print((index, ch), end= '')

    (1, '东')(21, '西')(22, '边')(23, '来')(24, '个')(26, '朋')(27, '友')(28,
'叫')(34, '拿')(35, '着')(43, '手')(44, '里')(47, '得')(50, '掉')(51, '在')
(52, '地')(53, '上')(54, '一')(55, '些')(61, '忙')(62, '放')(63, '闹')(64,
'钟')(65, '去')(66, '拾')(69, '帮')(70, '助')(73, '捆')(74, '紧')(75, '葱')
(76, '.')(80, '夸')(83, '像')(84, '雷')(85, '锋')(88, '丛')(89, '说')(90,
'小')(91, '松')(92, '爱')(93, '劳')(94, '动')
    >>> for index, ch in enumerate(text):    # 只出现过一次的汉字及其位置
        if ch not in '\n，。' and text.index(ch)==text.rindex(ch):
            print((index, ch), end= '')

    (1, '东')(21, '西')(47, '得')(50, '掉')(51, '在')(52, '地')(53, '上')(55,
'些')(61, '忙')(62, '放')(65, '去')(66, '拾')(69, '帮')(70, '助')(74, '紧')
(76, '.')(80, '夸')(83, '像')(84, '雷')(85, '锋')(89, '说')(92, '爱')(93,
'劳')(94, '动')
```

6.3.4 split()、rsplit()

字符串对象的 split()和 rsplit()方法以参数字符串为分隔符，分别从左往右和从右往左把字符串分隔成多个字符串，返回包含分隔结果的列表。例如：

```
>>> s = "apple,peach,banana,pear"
>>> s.split(",")                                # 使用逗号进行分隔
["apple", "peach", "banana", "pear"]
```

对于 split()和 rsplit()方法，如果不指定分隔符，那么字符串中的任何空白符号（包括空格、换行符、制表符等）的连续出现都将被认为是分隔符，并且自动删除字符串两侧的空白字符，返回包含最终分隔结果的列表。例如：

```
>>> text = 'Explicit is better   than implicit.'
>>> text.split()                                # 不指定分隔符
['Explicit', 'is', 'better', 'than', 'implicit.']
```

但是，明确传递参数指定 split()使用的分隔符时，情况略有不同，分隔符的连续多次出现不再作为一个分隔符，而是多个。这样一来，相邻的分隔符之间会分隔出一个空字符串。例如：

```
>>> text = 'Explicit is better    than implicit.'
>>> text.split(' ')                             # 指定空格作为分隔符
['Explicit', 'is', 'better', '', '', '', 'than', 'implicit.']
```

6.3.5　join()

字符串的 join()方法用来将可迭代对象中多个字符串进行连接，并在相邻两个字符串之间插入当前字符串，返回新字符串。例如：

```
>>> ':'.join(map(str, range(10)))    # 使用冒号作为连接符
'0:1:2:3:4:5:6:7:8:9'
>>> ','.join('abcdefg'.split('cd')) # 使用逗号作为连接符
'ab,efg'
>>> '_'.join(['1', '2', '3', '4'])  # 使用下画线作为连接符
'1_2_3_4'
```

结合使用 split()和 join()方法可以删除字符串中多余的空白字符，如果有连续多个空白字格，只保留一个。例如：

```
>>> text = 'How old      are you?'
>>> ' '.join(text.split())
'How old are you?'
```

6.3.6　lower()、upper()、capitalize()、title()、swapcase()

字符串的 lower()、upper()、capitalize()、title()、swapcase()方法分别用来将字符串转换为小写、大写字符串，将字符串首字母变为大写，将每个单词的首字母变为大写以及大小写互换。例如：

```
>>> s = "What is Your Name?"
>>> s.lower()                           # 返回小写字符串
'what is your name?'
>>> s.upper()                           # 返回大写字符串
'WHAT IS YOUR NAME?'
>>> s.capitalize()                      # 字符串首字母大写
'What is your name?'
>>> s.title()                           # 每个单词的首字母大写
'What Is Your Name?'
>>> s.swapcase()                        # 大小写互换
'wHAT IS yOUR nAME?'
```

6.3.7　replace()、maketrans()、translate()

字符串方法 replace()用来替换字符串中指定字符或子字符串的所有重复出现，每次只能替换一个字符或一个字符串，把指定的字符串参数作为一个整体对待，类似于 Word、WPS、记事本等文本编辑器的全部替换功能。该方法返回一个新字符串，并不修改原字符串。例如：

```
>>> s = "Python 是一门非常优秀的编程语言"
>>> s.replace('编程', '程序设计')        # 两个参数都各自作为整体对待
```

```
'Python 是一门非常优秀的程序设计语言'
>>> pwd = '" or "a"="a'
>>> pwd.replace('"', '')                    # 删除字符串中所有双引号
' or a=a'
>>> pwd.replace('"', '').replace('=', '')
                                            # 删除所有的双引号和等于号
' or aa'
```

字符串对象的 maketrans()方法用来生成字符映射表，translate()方法用来根据映射表中定义的对应关系转换字符串并替换其中的字符，使用这两个方法的组合可以同时处理多个不同的字符，replace()方法无法满足这一要求。例如：

```
>>> from string import ascii_lowercase as lowercase
>>> table = ''.maketrans(lowercase, lowercase[3:]+lowercase[:3])
>>> table       # 置换表
                # 表示把 ASCII 码为 97 的字符替换为 ASCII 码为 100 的字符
                # 把 ASCII 码为 98 的字符替换为 ASCII 码为 101 的字符
                # 以此类推
{97: 100, 98: 101, 99: 102, 100: 103, 101: 104, 102: 105, 103: 106, 104: 107, 105: 108, 106: 109, 107: 110, 108: 111, 109: 112, 110: 113, 111: 114, 112: 115, 113: 116, 114: 117, 115: 118, 116: 119, 117: 120, 118: 121, 119: 122, 120: 97, 121: 98, 122: 99}
>>> text = 'Beautiful is better than ugly.'
>>> text.translate(table)                   # 使用置换表进行替换，返回新字符串
'Bhdxwlixo lv ehwwhu wkdq xjob.'
>>> table = ''.maketrans('0123456789', '零一二三四五六七八九')
>>> '2022 年 12 月 31 日'.translate(table)
'二零二二年一二月三一日'
```

6.3.8 strip()、rstrip()、lstrip()

字符串的 strip()、rstrip()、lstrip()方法分别用来删除字符串两端、右端和左端连续的空白字符或指定字符。例如：

```
>>> '\n\nhello world   \n\n'.strip()        # 删除两侧的空白字符
'hello world'
>>> "aaaassddf".strip("a")                  # 删除两侧的指定字符
"ssddf"
>>> "aaaassddfaaa".rstrip("a")              # 删除字符串右侧指定字符
'aaaassddf'
>>> "aaaassddfaaa".lstrip("a")              # 删除字符串左侧指定字符
'ssddfaaa'
```

这三个函数的参数指定的字符串并不作为一个整体对待，而是在原字符串的两侧、右侧、

左侧删除参数字符串中包含的所有字符，一层一层地从外往里扒。例如：

```
>>> 'aabbccddeeeffg'.strip('gbaed')
'ccddeeeff'
>>> 'aabbccddeeeffg'.strip('gbaedc')
'ff'
>>> 'aabbccddeeeffg'.strip('gbaefcd')
''
```

在下面的代码中，初始的文本非常不规范，有的信息和值之间使用冒号分隔，有的没有分隔，也有的使用空格分隔，可以使用切片和字符串方法 strip()进行调整和规范化。字符串切片请参考 6.3.14 小节的介绍。

```
>>> text = '''姓名：张三
年龄：39
性别男
职业  学生
籍贯：  地球'''
>>> infomation = text.split('\n')
>>> infomation
['姓名：张三', '年龄：39', '性别男', '职业  学生', '籍贯：  地球']
>>> for item in infomation:
    print(item[:2], item[2:].strip('：  '), sep='：')

姓名：张三
年龄：39
性别：男
职业：学生
籍贯：地球
```

6.3.9　startswith()、endswith()

字符串的 startswith()和 endswith()方法分别用来判断字符串是否以指定字符串开始或结束。例如：

```
>>> path = r'C:\python39\NEWS.txt'
>>> print(path.endswith('.txt'))
True
>>> print(path.startswith(r'C:'))
True
```

这两个方法还可以接收一个字符串元组作为参数来表示前缀或后缀。例如，下面的代码使用列表推导式列出 D 盘根目录下所有扩展名为“.bmp”“.jpg”“.png”或“.gif”的图片。

```
>>> import os
>>> [filename
```

```
    for filename in os.listdir(r'D:\\')
    if filename.endswith(('.bmp', '.jpg', '.png','.gif'))]
```

6.3.10 isalnum()、isalpha()、isdigit()、isspace()、isupper()、islower()

字符串方法 isalnum()、isalpha()、isdigit()、isspace()、isupper()、islower()分别用来测试字符串是否为数字或字母、是否为字母、是否为整数字符、是否为空白字符、是否为大写字母以及是否为小写字母。例如：

```
>>> '1234abcd'.isalnum()         # 测试是否只包含字母和数字
True
>>> '\t\n\r '.isspace()          # 测试是否全部为空白字符
True
>>> 'aBC'.isupper()              # 测试是否全部为大写字母
False
>>> '1234abcd'.isalpha()         # 全部为英文字母时返回 True
False
>>> '1234abcd'.isdigit()         # 不全部为数字时返回 False
False
>>> '1234.0'.isdigit()           # 圆点不属于数字字符
False
>>> '1234'.isdigit()             # 全部为数字时返回 True
True
```

6.3.11 center()、ljust()、rjust()

字符串方法 center()、ljust()、rjust()用于对字符串进行排版，返回指定宽度的新字符串，原字符串分别居中、居左或居右出现在新字符串中，如果指定的宽度大于字符串长度，使用指定的字符（默认是空格）进行填充。例如：

```
>>> 'Main Menu'.center(20)       # 居中对齐，两侧默认以空格进行填充
'     Main Menu      '
>>> 'Main Menu'.center(20, '-')  # 居中对齐，两侧以减号进行填充
'-----Main Menu------'
>>> 'Main Menu'.ljust(20, '#')   # 左对齐，右侧以井号进行填充
'Main Menu###########'
>>> 'Main Menu'.rjust(20, '=')   # 右对齐，左侧以等号进行填充
'===========Main Menu'
```

6.3.12 字符串支持的运算符

（1）Python 支持使用运算符+连接字符串，但该运算符涉及大量数据的复制，效率非常低，不适合大量字符串的连接，建议使用字符串的 join()方法。例如：

```
>>> 'Hello ' + 'World!'
```

```
'Hello World!'
```

（2）Python 字符串支持与整数的乘法运算，表示序列重复。例如：

```
>>> '重要的事情说三遍！' * 3
'重要的事情说三遍！重要的事情说三遍！重要的事情说三遍！'
```

（3）可以使用成员测试运算符 in 来判断一个字符串是否出现在另一个字符串中，返回 True 或 False。例如：

```
>>> 'ab' in 'abcd'          # 测试一个字符串是否存在于另一个字符串中
True
>>> 'ac' in 'abce'          # 关键字 in 左边的字符串作为一个整体对待
False
```

（4）可以使用百分号%对字符串进行格式化，不过现在很少用了，更多的是使用字符串方法 format()或者格式化的字符串常量，详见 6.3.1 小节。例如：

```
>>> '%+8.3f' % (1/3)                   # 运算符%和/优先级相同
                                       # 但%在前，/在后，所以要加括号(1/3)
'  +0.333'
>>> '%c,%d,%s' % (0x41, 0x41, 0x41) # 格式化多个值，放在元组中
'A,65,65'
```

6.3.13 适用于字符串的内置函数

除了字符串对象提供的方法以外，很多 Python 内置函数也可以对字符串进行操作。例如：

```
>>> ord('董')                     # 查看单个字符的 Unicode 编码
33891
>>> chr(33891)                    # 返回 Unicode 编码对应的字符
'董'
>>> text = '《玩转 Python 轻松过二级》'
>>> max(text)                     # 返回 Unicode 编码最大的字符
'过'
>>> min(text)                     # 返回 Unicode 编码最小的字符
'P'
>>> len(text)                     # 字符串长度
15
>>> sorted(text)                  # 按字符的 Unicode 编码升序排序
['P', 'h', 'n', 'o', 't', 'y', '《', '》', '二', '松', '玩', '级', '转',
'轻', '过']
>>> def add3(ch):                 # 把一个字符替换为后面第 3 个字符
    return chr(ord(ch)+3)         # Python 不支持字符和整数相加

>>> ''.join(map(add3, text))      # 每个字符变为字符集中后面第 3 个字符
'」玥软 S|wkrq 轻极迺亏纪『'
```

```
>>> ''.join(reversed(text))         # 支持 reversed()函数
'》级二过松轻 nohtyP 转玩《'
>>> list(enumerate(text))           # 支持 enumerate()函数
[(0, '《'), (1, '玩'), (2, '转'), (3, 'P'), (4, 'y'), (5, 't'), (6, 'h'),
(7, 'o'), (8, 'n'), (9, '轻'), (10, '松'), (11, '过'), (12, '二'), (13,
'级'), (14, '》')]
```

6.3.14 字符串切片

切片也适用于字符串，但仅限于读取其中的元素，不支持字符串修改。例如：

```
>>> 'Explicit is better than implicit.'[:8] # 前 8 个字符
'Explicit'
>>> 'Explicit is better than implicit.'[-8:]# 最后 8 个字符
'mplicit.'
>>> text[::-1]                               # 使用切片翻转字符串
'》级二过松轻 nohtyP 转玩《'
>>> import datetime                          # 导入标准库 datetime
>>> datetime.datetime.now()                  # 获取当前日期和时间
datetime.datetime(2022, 12, 18, 9, 23, 8, 831871)
>>> str(datetime.datetime.now())             # 转换为字符串
'2022-12-18 09:23:14.963939'
>>> str(datetime.datetime.now())[:19]        # 获取年月日时分秒
'2022-12-18 09:23:20'
```

6.3.15 数据压缩与解压缩

除了内置函数、运算符和字符串自身提供的方法之外，还有大量标准库和扩展库对象直接或间接地支持对字符串的操作。这里重点介绍 Python 标准库 zlib 中的 compress()和 decompress()函数，这两个函数可以实现数据压缩和解压缩，要求参数为字节串，字符串需要使用 encode()方法进行编码。例如：

```
>>> import zlib                          # 导入标准库
>>> text = '《Python 程序设计（第 3 版）》、《Python 程序设计基础（第 3 版）》，董
付国编著'.encode()
>>> text
b'\xe3\x80\x8aPython\xe7\xa8\x8b\xe5\xba\x8f\xe8\xae\xbe\xe8\xae\xa1\
xef\xbc\x88\xe7\xac\xac3\xe7\x89\x88\xef\xbc\x89\xe3\x80\x8b\xe3\x80\x81
\xe3\x80\x8aPython\xe7\xa8\x8b\xe5\xba\x8f\xe8\xae\xbe\xe8\xae\xa1\xe5\x
9f\xba\xe7\xa1\x80\xef\xbc\x88\xe7\xac\xac3\xe7\x89\x88\xef\xbc\x89\xe3\
x80\x8b\xef\xbc\x8c\xe8\x91\xa3\xe4\xbb\x98\xe5\x9b\xbd\xe7\xbc\x96\xe8\
x91\x97'
>>> len(text)
```

```
101
>>> y = zlib.compress(text)          # 压缩
>>> len(y)
83
>>> zlib.decompress(y).decode()      # 解压缩，解码
'《Python 程序设计（第 3 版）》、《Python 程序设计基础（第 3 版）》，董付国编著'
```

6.4 分词与中文拼音处理

6.4.1 分词

分词是指把长文本切分成若干单词或词组的过程。Python 扩展库 jieba 和 snownlp 支持中英文分词，可以使用 pip 命令进行安装。在自然语言处理领域经常需要对文字进行分词，分词的准确度直接影响了后续文本处理和挖掘算法的最终效果。例如：

```
>>> import jieba
>>> text = 'Python 之禅中有句话非常重要，Readability counts.'
>>> jieba.lcut(text)             # lcut()函数返回分词后的列表
['Python', '之禅', '中', '有', '句', '话', '非常', '重要', '，',
'Readability', ' ', 'counts', '.']
>>> jieba.lcut('花纸杯')
['花', '纸杯']
>>> jieba.add_word('花纸杯')  # 增加一个词条
>>> jieba.lcut('花纸杯')
['花纸杯']
>>> import snownlp
>>> snownlp.SnowNLP(text).words
['Python', '之禅', '中', '有', '句', '话', '非常', '重要', '，Readability',
'counts.']
```

6.4.2 中文拼音处理

Python 扩展库 pypinyin 支持汉字到拼音的转换。运行下面的代码之前需要首先使用 pip 命令安装扩展库 pypinyin，详见本书 1.3 节。

```
>>> text = 'Python 之禅中有句话非常重要，Readability counts.'
>>> from pypinyin import lazy_pinyin
>>> lazy_pinyin(text)                     # 返回汉字拼音
['Python', 'zhi', 'chan', 'zhong', 'you', 'ju', 'hua', 'fei', 'chang',
'zhong', 'yao', '，Readability counts.']
>>> lazy_pinyin(text, 1)                  # 带声调
```

```
    ['Python', 'zhī', 'chán', 'zhōng', 'yǒu', 'jù', 'huà', 'fēi', 'cháng',
'zhòng', 'yào', '，Readability counts.']
    >>> lazy_pinyin(text, 2)                # 另一种风格的声调
    ['Python', 'zhi1', 'cha2n', 'zho1ng', 'yo3u', 'ju4', 'hua4', 'fe1i',
'cha2ng', 'zho4ng', 'ya4o', '，Readability counts.']
    >>> lazy_pinyin(text, 3)                # 只返回声母
    ['Python', 'zh', 'ch', 'zh', '', 'j', 'h', 'f', 'ch', 'zh', '', '，
Readability counts.']
    >>> lazy_pinyin('重要', 1)              # 能够根据词组智能识别多音字
    ['zhòng', 'yào']
    >>> lazy_pinyin('重阳', 1)
    ['chóng', 'yáng']
```

6.5 应用案例

例 6-1 编写程序，统计一段文字中出现次数最多的两个词及其出现的次数。代码如下：

```
from collections import Counter
from jieba import lcut

text = '''七巷一个漆匠，西巷一个锡匠。
七巷漆匠用了西巷锡匠的锡，西巷锡匠拿了七巷漆匠的漆，
七巷漆匠气西巷锡匠用了漆，西巷锡匠讥七巷漆匠拿了锡。'''

words = lcut(text)
fre = Counter(words)
print(fre.most_common(2))
```

运行结果：

```
[('七巷', 5), ('漆匠', 5)]
```

例 6-2 使用 string 模块提供的字符串常量，生成指定长度的随机密码。函数的定义与使用请参考本书第 8 章。另外，标准库 randpom 中的 choice()函数用于从字符串中随机选择一个字符。代码如下：

```
from random import choice
from string import ascii_letters, digits

# 候选字符集
characters = digits + ascii_letters

def generatePassword(n):
    # 一个下画线表示不关心变量名
```

```
    # 这里join()方法的参数是一个生成器表达式，详见本书3.3.3小节
    return ''.join((choice(characters) for _ in range(n)))

print(generatePassword(8))
print(generatePassword(15))
```

运行结果：

```
0rTKQ6Rq
Zwh21hgJnNCv6Gi
```

例 6-3　已知有一些句子和一些关键词，现在想找出包含至少一个关键词的那些句子，然后进一步计算每个句子中的关键词占比（句子中所有关键词长度之和/句子长度）。关键词占比是比较常用的一个文本分类标准。代码如下：

```
def check(sentences, words):
    '''返回包含至少一个关键词的句子列表'''
    return [sentence
            for sentence in sentences
            if sum(sentence.count(word) for word in words)>0]

sentences = ['This is a test.',
             'Beautiful is better than ugly.',
             'Explicit is better than implicit.',
             'Simple is better than complex.',
             'Sparse is better than dense.',
             'Readability counts.',
             'Now is better than never.']
words = ['test', 'count', 'dense', 'is', 'simple']
result = check(sentences, words)

# 计算每个句子中所有关键字总长度的占比
d = {sentence:round(sum(sentence.count(word)*len(word)
                        for word in words)/len(sentence),3)
     for sentence in result}
for item in d.items():
    print(item)
```

运行结果：

```
('This is a test.', 0.533)
('Beautiful is better than ugly.', 0.067)
('Explicit is better than implicit.', 0.061)
('Simple is better than complex.', 0.067)
('Sparse is better than dense.', 0.25)
```

```
('Readability counts.', 0.263)
('Now is better than never.', 0.08)
```

例 6-4 使用指定的密钥对任意文本进行加密和解密，要求使用异或算法。下面的代码中用到了标准库 itertools 中的 cycle()函数，该函数把有限长度的序列（这里是字符串）首尾相接，创建无限循环的 cycle 对象。另外，当内置函数 map()把函数映射到多个序列上时，最终结果中元素的数量取决于多个序列中最短的一个。这样一来，就可以使用有限长度的密码对任意长度的文本进行加密和解密了。

```
from itertools import cycle

def crypt(source, key):
    # 字符不能直接进行异或运算，需要先转换为 Unicode 编码
    # 使用 Unicode 编码异或之后再转换为字符
    func = lambda x, y: chr(ord(x)^ord(y))
    # map()函数的讲解详见本书 2.3.5 小节
    # 标准库 itertools 中的 cycle()函数用于构造无限循环对象
    # 以便能够自动适应任意长度的字符串 source
    return ''.join(map(func, source, cycle(key)))

source = 'Beautiful is better than ugly.'
key = 'Python'

print('Before Encrypted:'+source)
encrypted = crypt(source, key)
print('After Encrypted:'+encrypted)
decrypted = crypt(encrypted, key)
print('After Decrypted:'+decrypted)
```

运行结果：

```
Before Encrypted:Beautiful is bettey than ugly.
After Encrypted:□□□□6↑□H□p□□□□”Y  □ p↑□□□@
After Decrypted:Beautiful is bettey than ugly.
```

例 6-5 编写程序，判断待测单词与哪个候选单词最接近，判断标准为字母出现频次（直方图）最接近。本例代码只考虑了不小心的拼写错误，而没有考虑故意的拼写错误，如故意把 god 写成 dog，所以可能会造成误判。当然，误判率与判断相似的标准有非常大的关系。

```
from collections import Counter

def checkAndModify(word):
    # 待检测单词的字母频次
```

```
    fre = dict(Counter(word))
    # 待测单词中各字母频次与所有候选单词的距离，即字母频次之差
    similars = {w:[fre[ch]-words[w].get(ch,0) for ch in word]
                   +[words[w][ch]-fre.get(ch,0) for ch in w]
                 for w in words}
    # 返回最接近的单词，即字母频次之差的平方和最小的单词
    return min(similars.items(),
               key=lambda item:sum(map(lambda i:i**2, item[1])))[0]
# 候选单词
words = {'good', 'hello', 'world', 'python', 'fuguo',
         'yantai', 'shandong', 'great'}

# 每个单词中字母频次
words = {word:dict(Counter(word)) for word in words}

# 测试
for word in ['god', 'hood', 'wello',
             'helo', 'pychon', 'guguo', 'shangdong']:
    print(word, ':', checkAndModify(word))
```

运行结果：

```
god : good
hood : good
wello : hello
helo : hello
pychon : python
guguo : fuguo
shangdong : shandong
```

例 6-6 给定任意字符串，查找其中每个字符的最后一次出现，并按每个字符最后一次出现的先后顺序依次存入列表。例如，对于字符串'abcda'的处理结果为['b', 'c', 'd', 'a']，而字符串'abcbda'的处理结果为['c', 'b', 'd', 'a']。选择结构和循环结构的内容详见本书第 7 章。代码如下：

```
s = 'aaaabcdawerasdfasdfwerngsnnvAAAweB3a'

result = []
for ch in s:
    # 如果当前字符已经出现过，先把之前的删除
    if ch in result:
        result.remove(ch)
    # 记录当前字符
```

```
    result.append(ch)
print(result)
```

运行结果：

```
['b', 'c', 'd', 'f', 'r', 'g', 's', 'n', 'v', 'A', 'w', 'e', 'B', '3', 'a']
```

例 6-7 统计一个字符串中所有字符在另一个字符串中出现的总次数。代码如下：

```
s1 = input('请输入第一个字符串：')
s2 = input('请输入第二个字符串：')
result = sum(map(s1.count, s2))
print('第二个字符串中的字符串在第一个字符串中出现的总次数为：', result)
```

运行结果：

```
请输入第一个字符串：Readability counts.
请输入第二个字符串：abcde
第二个字符串中的字符串在第一个字符串中出现的总次数为：6
```

例 6-8 对一段文本进行分词，把其中长度为 2 的词语中的两个字按拼音升序排序，再把所有词语按原来的相对顺序连接起来。代码如下：

```
from jieba import cut
from pypinyin import pinyin

def swap(word):
    return ''.join(sorted(word, key=pinyin))

def antiCheck(text):
    '''分词，处理长度为 2 个单词，然后再连接起来'''
    words = cut(text)
    return ''.join(map(swap, words))

text = '由于人们阅读时一目十行的特点，有时候个别词语交换'+\
       '一下顺序并不影响，甚至无法察觉这种变化。'+\
       '更有意思的是，即使发现了顺序的调整，也不影响对内容的理解。'
print(antiCheck(text))
```

运行结果：

```
由于们人读阅时目十行一的点特，候时有别个词语换交下一顺序并不响影，甚至法无察觉这种变化。更思意有的是，即使发现了顺序的调整，也不响影对内容的解理。
```

例 6-9 过滤字符串中的空白字符和中英文标点符号。下面的代码首先使用扩展库 jieba 对文本进行分词，然后使用内置函数 filter()过滤分词结果，只保留长度大于 1 的单词或者汉字，最后使用字符串的 join()方法对过滤的结果进行连接。其中，['\u4e00','\u9fa5']为常用汉字的编码范围。

```
from jieba import cut
```

```
def delPuncs(s):
    f = lambda word: len(word)>1 or '\u4e00'<=word<='\u9fa5'
    return ''.join(filter(f, cut(s)))

sentence = '''
东边来个小朋友叫小松，手里拿着一捆葱。
西边来个小朋友叫小丛，手里拿着小闹钟。
小松手里葱捆得松，掉在地上一些葱。
小丛忙放闹钟去拾葱，帮助小松捆紧葱。
小松夸小丛像雷锋，小丛说小松爱劳动。
'''
print(delPuncs(sentence))
```

运行结果：

东边来个小朋友叫小松手里拿着一捆葱西边来个小朋友叫小丛手里拿着小闹钟小松手里葱捆得松掉在地上一些葱小丛忙放闹钟去拾葱帮助小松捆紧葱小松夸小丛像雷锋小丛说小松爱劳动

例 6-10　检查字符串作为密码的安全强度。一般而言，密码长度应该在 6 位以上，并且同时包含大写字母、小写字母、数字和标点符号。在下面的代码中，应重点体会选择结构的条件表达式中 and 关键字的妙处，这个关键字具有惰性求值的特点，如果前面的表达式不满足，则不会计算后面表达式的值，从而减少了计算量。

```
import string

def check(pwd):
    # 密码必须至少包含 6 个字符
    if not isinstance(pwd, str) or len(pwd)<6:
        return 'not suitable for password'
    # 密码强度等级与包含字符种类的对应关系
    d = {1:'weak', 2:'below middle', 3:'above middle', 4:'strong'}
    # 分别用来标记 pwd 是否含有数字、小写字母、大写字母和指定的标点符号
    r = [False] * 4
    for ch in pwd:
        # 是否包含数字
        if not r[0] and ch in string.digits:
            r[0] = True
        # 是否包含小写字母
        elif not r[1] and ch in string.ascii_lowercase:
            r[1] = True
        # 是否包含大写字母
        elif not r[2] and ch in string.ascii_uppercase:
```

```
            r[2] = True
        # 是否包含指定的标点符号
        elif not r[3] and ch in ',.!;?<>':
            r[3] = True
    # 统计包含的字符种类，返回密码强度
    return d.get(r.count(True), 'error')

pwds = ('a2Cd,', 'abcdefghijklmn', string.ascii_letters,
        string.digits, 'a1b2C3,d4h', '1'*18)
# 依次输出字符串、字符串长度和安全强度
for pwd in pwds:
    print(pwd, len(pwd), check(pwd), sep=':')
```

运行结果：

```
a2Cd,:5:not suitable for password
abcdefghijklmn:14:weak
abcdefghijklmnopqrstuvwxyzABCDEFGHIJKLMNOPQRSTUVWXYZ:52:below middle
0123456789:10:weak
a1b2C3,d4h:10:strong
111111111111111111:18:weak
```

例 6-11 查找字符串中最长的数字子串，有多个的话返回第一个。代码如下：

```
def longest(s):
    length = len(s)
    start = 0
    span = (0, 0)
    for pos in range(length):
        if s[pos].isdigit() and (pos==0 or not s[pos-1].isdigit()):
            start = pos
        elif ((not s[pos].isdigit()) and s[pos-1].isdigit()
              and pos-start>span[1]-span[0]):
            span = (start, pos-1)
    # 字符串以数字结束的情况
    if s[pos].isdigit() and pos-start>span[1]-span[0]:
        span = (start, pos)
    return s[span[0]:span[1]+1]

ss = ('111abc2d3', 'abc111111d', 'a2bc11111111')
for s in ss:
    print(s, longest(s), sep=':')
```

运行结果：

```
111abc2d3:111
abc111111d:111111
a2bc11111111:11111111
```

例 6-12　生成随机人员信息，包含 10 个人的姓名、年龄、性别、电子邮箱地址、家庭住址等信息。代码如下：

```
from random import choice, randint
from string import ascii_letters, digits

StringBase = '的一了是我不在人有来他这上着个地大里说就去子得也那要下看'\
             '天时过出么起你都把好还多为又可家学只以主样年想生同老中十'\
             '自面前头道它后然很像见两用她国动成回什边作对开而些现山民'\
             '候经发工事命给长水几义三于高手知理眼志点战二问但身方实吃'\
             '叫当住听革打呢真才四已所敌之最光'
characters = ascii_letters + digits + '_'
suffix = ['.com', '.org', '.net', '.cn']

def getEmail():
    username = ''.join((choice(characters)
                        for i in range(randint(6,12))))
    domain = ''.join((choice(characters)
                      for i in range(randint(3,6))))
    return username+'@'+domain+choice(suffix)

def getNameOrAddress(flag):
    '''flag=1 表示返回随机姓名，flag=0 表示返回随机地址'''
    result = ''
    if flag == 1:
        # 大部分中国人姓名在 2~4 个汉字
        rangestart, rangeend = 2, 4
    elif flag == 0:
        # 假设地址在 10~20 个汉字之间
        rangestart, rangeend = 10, 20
    else:
        print('flag must be 1 or 0')
        return ''
    # 生成并返回随机信息
    for i in range(randint(rangestart, rangeend)):
        result += choice(StringBase)
```

```
    return result

def getSex():
    return choice('男女')

def getAge():
    return str(randint(18,100))

for i in range(10):
    name = getNameOrAddress(1)
    sex = getSex()
    age = getAge()
    address = getNameOrAddress(0)
    email = getEmail()
    print(name, sex, age, address, email, sep=',')
```

某次运行结果：

```
才什高事,女,36,为身那道些这头但一动一时开山点就民个,e5WwYiKCHb@dDJNA.com
一些,女,63,不生最但但三学还些点真这天在有,ahB1jOBS@SdL.com
又我,男,84,边为主山生之好道问只个事吃的起然说身老,jKss7hCT0P@JHQ.com
身知,男,18,当我打大工同点的着它这子一着把她十样,NpIdgP@gPI.com
知呢山,女,98,学后头人说用中上手然以只手天主听要三,nzY86l8VkhR@FUD.cn
叫发像,女,33,有子民当都在就可可作同想而时,9lbgrZ9AXO@wup.com
已就,女,25,听打下是要也于一学要然而出来看里二在听些,WIYpNwTHSM@hupnI.org
住理事动,男,26,作志的都像作像见民志发要,Uq0bJW@_so.com
在道而,男,28,来民里敌候什了这下学理当下学而,n7S5suv@uLd.cn
它然经知,女,44,给像那学现什过手民地身一,fRQ_3w6_rwBM@v6nTnt.com
```

例 6-13　生成一个长度为十万的字符串，其中只包含加号或减号，然后统计最长的加号子串和最长的减号子串的长度。代码如下：

```
from random import choices

text = ''.join(choices('+-', k=100000))
add = next(filter(lambda num: text.count('+'*num)>=1,
                  range(100000, 1, -1)))
sub = next(filter(lambda num: text.count('-'*num)>=1,
                  range(100000, 1, -1)))
print(f'最长加号子串的长度为：{add}\n 最长减号子串的长度为：{sub}')
```

某次运行结果：

```
最长加号子串的长度为： 14
最长减号子串的长度为： 17
```

本章知识要点

（1）GB 2312—1980、GBK、CP936、UTF8 对英文字符的处理方式是一样的，同一串英文字符使用不同编码方式编码得到的字节串是一样的。

（2）对于中文字符，不同编码格式之间的实现细节相差很大，同一个中文字符串使用不同编码格式得到的字节串是完全不一样的。

（3）在理解字节串内容时必须清楚使用的编码规则并进行正确的解码，如果解码方法不正确就无法还原信息。

（4）转义字符是指在字符串中某些特定的符号前加一个斜线之后，将被解释为另外一种含义，不再表示本来的字符。

（5）字符串对象是不可变的，字符串对象提供的涉及字符串“修改”的方法都是返回修改后的新字符串，并不对原始字符串做任何修改。

（6）字符串方法 encode()使用指定的编码格式把字符串编码为字节串，默认使用 UTF8 编码格式。与之对应，字节串方法 decode()使用指定的编码格式把字节串解码为字符串，默认使用 UTF8 编码格式。

（7）Python 标准库 zlib 中的 compress()和 decompress()函数可以实现数据压缩和解压缩，要求参数为字节串，字符串需要使用 encode()方法进行编码。

（8）在字符串前加上字符 r 或 R 之后表示原始字符串，字符串中任意字符都不再进行转义。

（9）Python 扩展库 jieba 和 snownlp 支持中英文分词，可以使用 pip 命令进行安装。

（10）Python 扩展库 pypinyin 支持汉字到拼音的转换，并且可以和分词扩展库配合使用。

习题

1.（填空题）表达式'abc' in ['abcdefg']的值为__________。

2.（填空题）已知列表对象 x = ['11', '2', '3']，那么表达式 max(x)的值为__________。

3.（填空题）表达式 list(str([1,2,3])) == [1,2,3]的值为__________。

4.（填空题）表达式':'.join('abcdefg'.split('cd'))的值为__________。

5.（填空题）表达式 len('Hello world!'.ljust(20))的值为__________。

6.（填空题）已知 x = '123'和 y = '456'，那么表达式 x + y 的值为__________。

7.（填空题）已知字符串 x = 'hello world'，那么执行语句 x.replace('hello', 'hi')之后，x 的值为__________。

8.（填空题）已知 x = 'a　　b c　　　d'，那么表达式','.join(x.split())的值为__________。

9.（填空题）表达式 eval('*'.join(map(str, range(1, 6))))的值为__________。

10.（填空题）表达式'b123'.islower()的值为__________。

11.（填空题）表达式 len('abcdefg'.ljust(3))的值为__________。

12.（填空题）表达式'test.py'.endswith(('.py', '.pyw'))的值为__________。

第 7 章　程序控制结构

本章学习目标

- 理解条件表达式与 True 和 False 的等价关系
- 熟练掌握选择结构的用法
- 熟练掌握循环结构的用法
- 熟练掌握异常处理结构的用法
- 理解关键字 else 的四种用法
- 理解 break 和 continue 语句的工作原理

7.1　基本语法

7.1.1　条件表达式

在选择结构和循环结构中，都要根据条件表达式的值来确定下一步的执行流程。其中，选择结构根据不同的条件来决定是否执行特定的代码，循环结构根据不同的条件来决定是否重复执行特定的代码。

在 Python 中，几乎所有合法表达式都可以作为条件表达式。条件表达式的值只要不是 False、0（或 0.0、0j 等）、空值 None、空列表、空元组、空集合、空字典、空字符串、空 range 对象或其他空容器对象，Python 解释器均认为与 True 等价，作为参数时可使内置函数 bool() 返回 True。

数字可以作为条件表达式，但只有 0、0.0、0j 等价于 False，其他任意数字都等价于 True。容器类对象也可以作为条件表达式，不包含任何元素的对象等价于 False，包含元素的容器类对象都等价于 True。以字符串为例，只有不包含任何字符的空字符串是等价于 False 的，包含任意字符的字符串都等价于 True，哪怕只包含一个空格。

7.1.2　选择结构基本语法

1. 单分支选择结构

单分支选择结构语法如下所示，其中表达式后面的冒号“:”是不可缺少的，表示一个语句块的开始，并且语句块必须做相应的缩进，一般以 4 个空格为缩进单位。

```
if 条件表达式:
    语句块
```

当条件表达式值为 True 或其他与 True 等价的值时，表示条件满足，语句块被执行，否则该语句块不被执行，而是继续执行后面的代码（如果有的话），如图 7-1 所示。

下面的代码演示了单分支选择结构的用法，如果列表 a 等价于 True，就输出 a 的值。

```
>>> a = [1, 2, 3]
>>> if a:              # 使用列表作为条件表达式
    print(a)

[1, 2, 3]
```

2．双分支选择结构

双分支选择结构的语法为

```
if 条件表达式:
    语句块 1
else:
    语句块 2
```

当条件表达式值为 True 或其他等价值时，执行语句块 1，否则执行语句块 2，语句块 1 或语句块 2 总有一个会执行，然后再执行后面的代码（如果有的话），如图 7-2 所示。

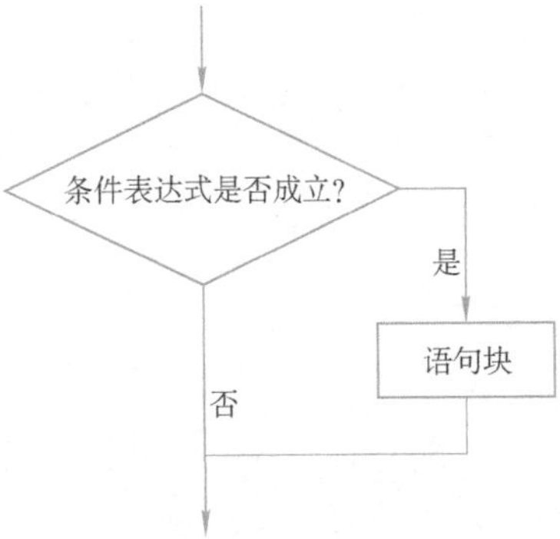

图 7-1　单分支选择结构

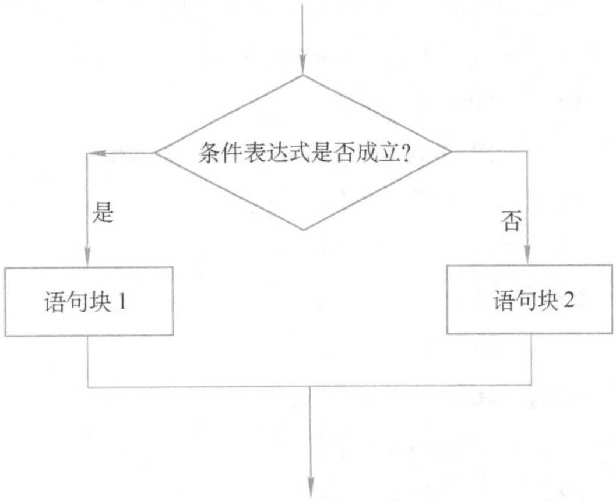

图 7-2　双分支选择结构

下面的代码演示了双分支选择结构的用法，如果列表 a 等价于 True 就输出 a 的值，否则输出字符串'empty'。

```
>>> a = []
>>> if a:
    print(a)
else:
    print('empty')

empty
```

3．多分支选择结构

多分支选择结构的语法形式为

```
if 条件表达式1:
    语句块1
elif 条件表达式2:
    语句块2
elif 条件表达式3:
    语句块3
......
else:
    语句块n
```

其中，关键字 elif 是 else if 的缩写。在上面的语法示例中，如果条件表达式 1 成立，就执行语句块 1；如果条件表达式 1 不成立，但是条件表达式 2 成立，就执行语句块 2；如果条件表达式 1 和条件表达式 2 都不成立，但是条件表达式 3 成立，就执行语句块 3，以此类推；如果所有条件都不成立，就执行语句块 n。严格来说，这种语法应属于嵌套选择结构，Python 3.10 开始新增了真正意义的多分支选择结构，可关注微信公众号“Python 小屋”发送消息“多分支选择结构”查看和学习。

下面的代码通过百分制成绩到字母等级制成绩的转换演示了多分支选择结构的用法。

```
score = int(input('请输入一个百分制成绩：'))
if score > 100:
    message = 'wrong score.must <= 100.'
elif score >= 90:
    message = 'A'
elif score >= 80:
    message = 'B'
elif score >= 70:
    message = 'C'
elif score >= 60:
    message = 'D'
elif score >= 0:
    message = 'F'
else:
    message = 'wrong score.must >0'
print(message)
```

4. 选择结构的嵌套

选择结构可以进行嵌套，语法形式为

```
if 条件表达式1:
    语句块1
    if 条件表达式2:
        语句块2
    else:
```

```
        语句块3
else:
    if 条件表达式4:
        语句块4
```

在上面的语法示例中，如果条件表达式1成立，先执行语句块1，执行完后如果条件表达式2成立就执行语句块2，否则执行语句块3；如果条件表达式1不成立，但是条件表达式4成立，就执行语句块4。

下面的代码通过百分制成绩到字母等级制成绩的转换演示了选择结构嵌套的用法。

```
score = int(input('请输入一个百分制成绩：'))
degree = 'DCBAAF'
if score > 100 or score < 0:
    message = 'wrong score.must between 0 and 100.'
else:
    index = (score-60) // 10
    if index >= 0:
        message = degree[index]
    else:
        message = degree[-1]
print(message)
```

使用嵌套选择结构时，一定要严格控制好不同级别代码块的缩进量，这决定了不同代码块的从属关系和业务逻辑是否被正确地实现，以及代码是否能够被解释器正确理解和执行。

7.1.3 循环结构基本语法

1. for 循环

在Python中，for循环非常适合用来遍历可迭代对象（列表、元组、字典、集合、字符串以及map、zip等迭代器对象）中的元素，语法形式为

```
for 循环变量 in 可迭代对象:
    循环体
[else:
    else子句代码块]
```

其中，方括号内的else子句可以没有，也可以有，根据要解决的问题来确定。

如果for循环结构带有else子句，其执行过程为：如果循环因为已遍历完可迭代对象中的全部元素而自然结束，则继续执行else结构中的语句；如果循环是因为执行了break语句而提前结束，则不会执行else中的语句。

下面用来求解小于200的最大素数代码演示了带else的for循环的用法。

```
for n in range(200, 1, -1):
    for i in range(2, n):
        if n%i == 0:
            break
```

```
    else:
        print(n)
        break
```

2．while 循环

Python 的 while 循环结构语法如下：

```
while 条件表达式:
    循环体
[else:
    else 子句代码块]
```

其中，方括号内的 else 子句可以没有，也可以有，根据要解决的问题来确定。

当条件表达式的值等价于 True 时就一直执行循环体，直到条件表达式的值等价于 False 或者循环体中执行了 break 语句。如果是因为条件表达式不成立而结束循环，就继续执行 else 中的代码块。如果是因为循环体内执行了 break 语句使得循环提前结束，则不再执行 else 中的代码块。

下面的代码用来输出斐波那契数列中第一个大于 500 的数字，由于无法提前确定循环次数，所以使用 while 循环比较合适。

```
a, b = 1, 1
while True:
    a, b = b, a+b
    if b > 500:
        print(b)
        break
```

3．break 与 continue 语句

break 语句和 continue 语句在 while 循环和 for 循环中都可以使用，并且一般常与选择结构或异常处理结构结合使用。一旦 break 语句被执行，将使得 break 语句所属层次的循环提前结束；continue 语句的作用是提前结束本次循环，忽略 continue 之后的所有语句，提前进入下一次循环。

7.1.4 异常处理结构基本语法

异常是指代码运行时由于输入的数据不合法或者某个条件临时不满足发生的错误。代码一旦引发异常就会崩溃，如果得不到正确的处理会导致整个程序退出运行。一个好的代码应该能够充分考虑可能发生的异常并进行处理，要么给出友好提示信息，要么忽略异常继续执行，表现出很好的健壮性。异常处理结构的一般思路是先尝试运行代码，如果不出现异常就正常执行，如果引发异常就根据异常类型的不同采取不同的处理方案。异常处理结构的完整语法形式如下：

```
try:
    # 可能会引发异常的代码块
except 异常类型 1 as 变量 1:
    # 处理异常类型 1 的代码块
```

```
except 异常类型 2 as 变量 2:
    # 处理异常类型 2 的代码块
......
[else:
    # 如果 try 块中的代码没有引发异常，就执行这里的代码块
]
[finally:
    # 不论 try 块中的代码是否引发异常，也不论异常是否被处理
    # 总是最后执行这里的代码块
]
```

在上面的语法形式中，else 和 finally 子句不是必须的。异常处理结构在程序中的应用，可以参考本章的例 7-4 和例 7-6。

7.2　应用案例

例 7-1　编写程序，运行之后提示依次输入三个整数 year、n 和 w，然后输出 year 这一年中第 n 个周 w 是几月几号。例如，输入 2023　47　4 这三个整数之后，输出 2023 年第 47 个周 4 是 2023 年 11 月 23 日。代码如下：

```
from datetime import date, timedelta

year, n, w = map(int, input('请输入 year n w: ').split())
# 该年 1 月 1 日
start = date(year, 1, 1)
for i in range(7):
    # 查找第 1 个周 w 是 1 月几日
    if start.isoweekday() == w:
        break
    start = start + timedelta(days=1)
print(start + timedelta(weeks=n-1))
```

运行结果：

```
请输入 year n w: 2023 47 4
2023-11-23
```

例 7-2　编写程序，计算百钱买百鸡问题。假设公鸡 5 元一只，母鸡 3 元一只，小鸡 1 元三只，现在有 100 块钱，想买 100 只鸡，问有多少种买法？代码如下：

```
# 假设能买 x 只公鸡，x 最大为 20
for x in range(21):
    # 假设能买 y 只母鸡
    for y in range((100-5*x)/3+1):
```

```
        # 假设能买 z 只小鸡
        z = 100 -x -y
        if z%3==0 and 5*x + 3*y + z//3 == 100:
            print(x,y,z)
```

运行结果：

```
0 25 75
4 18 78
8 11 81
12 4 84
```

例 7-3　编写程序，输出所有 3 位水仙花数。所谓 3 位水仙花数是指 1 个 3 位十进制数，其各位数字的三次方和等于该数本身。代码如下：

```
for num in range(100, 1000):
    r = map(lambda x:int(x)**3, str(num))
    if sum(r) == num:
        print(num)
```

运行结果：

```
153
370
371
407
```

例 7-4　编写程序，输入一个年份，然后判断是否闰年，如果是，则输出 Yes，否则输出 No。代码如下：

```
try:
    year = int(input('请输入一个年份：'))
except:
    print('输入错误，请输入表示年份的整数。')
else:
    if year%400==0 or (year%4==0 and year%100!=0):
        print('Yes')
    else:
        print('No')
```

运行结果：

```
请输入一个年份：2016
Yes
请输入一个年份：2018
No
请输入一个年份：abc
输入错误，请输入表示年份的整数。
```

在实际应用中，如果需要判断闰年，可以直接使用 Python 标准库 calendar 中的 isleap()

函数。例如：

```
>>> import calendar
>>> calendar.isleap(2016)
True
>>> calendar.isleap(2018)
False
>>> calendar.isleap(2024)
True
```

例 7-5　编写程序，验证 6174 猜想：对任意各位数字互不相同的 4 位数，使用各位数字能组成的最大数减去能组成的最小数，对得到的差重复这个操作，最终会得到 6174 这个数字，并且这个操作最多不会超过 7 次。代码如下：

```
from string import digits
from itertools import combinations

for item in combinations(digits, 4):
    times = 0
    while True:
        # 当前选择的 4 个数字能够组成的最大数和最小数
        big = int(''.join(sorted(item, reverse=True)))
        little = int(''.join(sorted(item)))
        difference = big - little
        times = times + 1
        # 如果最大数和最小数相减得到 6174 就退出
        # 否则就对得到的差重复这个操作
        # 最多 7 次，总能得到 6174
        if difference == 6174:
            if times > 7:
                print(times)
            break
        else:
            item = str(difference)
```

运行结果：

代码运行结束后没有任何输出。可以结束表示总是能够得到 6174 这个数字，没有输出表示都不超过 7 步，说明猜想正确。

例 7-6　编写程序实现猜数游戏。计算机在指定范围内随机产生一个数，玩家有一定次数的机会猜测数字大小，每次猜测之后计算机会根据玩家的猜测进行提示，玩家则可以根据系统的提示对下一次的猜测进行适当调整。如果次数用完还没猜对，游戏结束并提示正确的数字大小。下面的代码中定义了函数 guess()并设定了参数默认值，有关函数的知识请参考第 8 章。

```
from random import randint

def guess(maxValue=100, maxTimes=5):
    value = randint(1, maxValue)      # 随机生成一个整数
    for i in range(maxTimes):
        prompt = 'Start to GUESS:' if i==0 else 'Guess again:'
        try:                          # 防止输入不是数字的情况
            x = int(input(prompt))
        except:
            print('Must input an integer between 1 and ', maxValue)
        else:
            if x == value:            # 猜对了
                print('Congratulations!')
                break
            elif x > value:
                print('Too big')
            else:
                print('Too little')
    else:                             # 次数用完还没猜对，游戏结束
        print('Game over. FAIL.')
        print('The value is', value)
```

本章知识要点

（1）在选择结构和循环结构中，都要根据条件表达式的值来确定下一步的执行流程。其中，选择结构根据不同的条件来决定是否执行特定的代码，循环结构根据不同的条件来决定是否重复执行特定的代码。

（2）在 Python 中，几乎所有合法表达式都可以作为条件表达式。条件表达式的值只要不是 False、0（或 0.0、0j 等）、空值 None、空列表、空元组、空集合、空字典、空字符串、空 range 对象或其他空容器对象，Python 解释器均认为与 True 等价。

（3）在 Python 中，for 循环非常适合用来遍历可迭代对象（列表、元组、字典、集合、字符串以及 map、zip 等迭代器对象）中的元素。

（4）如果无法提前确定循环次数，一般使用 while 循环更加适合。

（5）一旦 break 语句被执行，将使得 break 语句所属层次的循环提前结束；continue 语句的作用是提前结束本次循环，忽略 continue 之后的所有语句，提前进入下一次循环。

（6）异常是指代码运行时由于输入的数据不合法或者某个条件临时不满足发生的错误。

（7）代码一旦引发异常就会崩溃，如果得不到正确的处理会导致整个程序退出运行。

（8）异常处理结构的一般思路是先尝试运行代码，如果不出现异常就正常执行，如果引发异常就根据异常类型的不同采取不同的处理方案。

习题

1.（填空题）已知 x = {'a':'b', 'c':'d'}，那么表达式'b' in x 的值为__________。

2.（填空题）表达式 3 and 5 的值为__________。

3.（填空题）语句 print(1, 2, 3, sep=',')的输出结果为__________。

4.（判断题）在没有导入标准库 math 的情况下，语句 x = 3 or math.sqrt(9)也可以正常执行，并且执行后 x 的值为 3。（　　）

5.（判断题）如果仅仅是用于控制循环次数，那么使用 for i in range(20)和 for i in range(20, 40)的作用是等价的。（　　）

6.（判断题）在 Python 中，循环结构必须带有 else 子句。（　　）

7.（判断题）带有 else 子句的循环结构如果因为执行了 break 语句而退出的话，则会执行 else 子句中的代码。（　　）

8.（判断题）在条件表达式中不允许使用赋值分隔符“=”，会提示语法错误。（　　）

9.（判断题）假设共有鸡、兔 30 只，脚 90 只，编写程序求鸡、兔各有多少只。对于求解这个问题，下面的两段代码功能相同，结果都是对的。（　　）

（1）

```
for ji in range(0, 31):
    if 2*ji + (30-ji)*4 == 90:
        print(ji, 30-ji)
        break
```

（2）

```
for ji in range(0, 31):
    if 2*ji + (30-ji)*4 == 90:
        print(ji, 30-ji)
```

10.（判断题）在 Python 中，作为条件表达式时，[3]和{5}是等价的，都表示条件成立，所以表达式 [3] == {5} 的值为 True。（　　）

11.（判断题）选择结构必须带有 else 或 elif 子句，不能只有一个 if 子句。（　　）

12.（判断题）在 Python 中，else 只有选择结构这一种用法，在其他场合不允许使用 else 关键字。（　　）

13.（判断题）在选择结构中，假设 data 是列表，那么“if not data:”和“if len(data)==0:”这两种形式的判断是等价的，并且一般推荐使用第一种。（　　）

14.（判断题）关键字 break 和 continue 只能用于循环结构中，不能在循环结构之外使用。（　　）

15.（判断题）循环结构 for item in map(str, range(8,5)): pass 中，pass 语句执行次数为 0。（　　）

第 8 章　函数设计与应用

本章学习目标

- 理解函数对代码复用的意义
- 熟练掌握函数定义与调用的语法
- 理解递归函数的原理
- 熟练掌握位置参数、默认值参数、关键参数和可变长度参数的语法和应用
- 理解局部变量和全局变量的概念和应用
- 熟练掌握 lambda 表达式的语法和应用
- 理解生成器函数工作原理

8.1　函数定义与使用

函数是复用代码的重要方式。把用来解决某一类问题的代码封装成函数，如求和、最大值、排序等，可以在不同的程序中重复利用这些功能，使得代码更加精练，更加容易维护。除了内置函数，Python 也允许用户自定义函数。

8.1.1　基本语法

在 Python 中，函数定义的语法如下：

```
def 函数名([参数列表]):
    '''注释'''
    函数体
```

其中，def 是用来定义函数的关键字。定义函数时需要注意的问题主要有：

（1）不需要说明形参类型，Python 解释器会根据实参的值自动推断形参类型。

（2）不需要指定函数返回值类型，这由函数中 return 语句返回的值来确定。

（3）即使该函数不需要接收任何参数，也必须保留一对空的圆括号。

（4）函数头部括号后面的冒号必不可少。

（5）函数体相对于 def 关键字必须保持一定的空格缩进。

（6）函数体前面三引号和里面的注释可以不写，但最好写上，用简短语言描述函数功能。

例 8-1　编写函数，接收一个字符串作为参数，返回一个包含 3 个整数的元组，其中的数值分别表示数字、大小写字母和其他符号出现的次数。代码如下：

```
def getFrequency(s):
    digits, alphabets, others = 0, 0, 0
```

```
    for ch in s:
        if '0'<=ch<='9':
            digits += 1
        elif 'a'<=ch<='z' or 'A'<=ch<='Z':
            alphabets += 1
        else:
            others += 1
    return (digits, alphabets, others)

print(getFrequency('123,./abC'))
```

运行结果：

```
(3, 3, 3)
```

8.1.2 递归函数

如果一个函数在执行过程中又调用了这个函数自己，叫作递归调用。函数递归通常用来把一个大型的复杂问题层层转化为一个与原来问题本质相同但规模很小、很容易解决或描述的问题，只需要很少的代码就可以描述解决问题过程中需要的大量重复计算。在编写递归函数时，应注意：

（1）每次递归应保持问题性质不变。

（2）每次递归应使得问题规模变小或使用更简单的输入。

（3）必须有一个能够直接处理而不需要再次进行递归的特殊情况来保证递归过程可以结束。

（4）函数递归深度不能太大，否则会引起内存崩溃。

例 8-2 编写函数，使用递归法判断一个字符串是否为回文。所谓回文，是指从前向后读和从后向前读都一样的字符串。根据定义，长度为 1 的字符串一定是回文，长度大于 1 但首尾字符不相同的一定不是回文，如果长度大于 1 并且首尾字符相同则删除首尾字符然后判断剩余子串是否为回文。代码如下：

```
def isPalindrome(text):
    if len(text) <= 1:
        return True
    if text[0] != text[-1]:
        return False
    return isPalindrome(text[1:-1])

sentences = ('deed', 'dad', 'need', 'rotor', 'civic', 'eye',
             'redivider', 'noon', 'his', 'difference', 'a')

for sentence in sentences:
    print(sentence.ljust(12), end='')
```

```
    if isPalindrome(sentence):
        print('是回文')
    else:
        print('不是回文')
```

运行结果：

```
deed          是回文
dad           是回文
need          不是回文
rotor         是回文
civic         是回文
eye           是回文
redivider     是回文
noon          是回文
his           不是回文
difference    不是回文
a             是回文
```

8.1.3 函数嵌套定义

在 Python 中，允许函数的嵌套定义，也就是在一个函数的定义中再定义另一个函数。在内部定义的函数中，可以直接访问外部函数的参数和外部函数定义的变量（称作闭包变量）。这种用法相对来说较少，简单了解即可。一般不建议过多使用嵌套定义函数，因为每次调用外部函数时，都会重新定义内部函数，运行效率较低。另外，嵌套定义函数常用来定义修饰器，本书不介绍这种用法，需要的话可以查阅相关资料。这里可以暂时这样理解，修饰器是一种特殊的函数，用来对另外一个函数进行修饰，对其功能进行补充或扩展。例如：

```
>>> def myReduce(num, c):                     # 自定义进制转换函数，按权展开式
                                              # 增强 reduce()函数的功能
    if not all(map(lambda i: 0<=int(i)<c, str(num))):
        return 'Error'
    def func(x, y):
        return x*c + y
    return reduce(func, map(int, str(num)))

>>> myReduce(111, 2)                          # 把 111 看作二进制
7
>>> myReduce(1111, 8)                         # 把 1111 看作八进制
585
>>> myReduce(1234, 2)                         # 1234 不能当作二进制，出错
'Error'
>>> def myMap(iterable, op, value):           # 自定义函数
```

```
                                      # 增强内置函数 map()的功能
    if op not in ('+', '-', '*', '/', '//', '%', '**'):
        return 'Error operator'
    def func(i):
        return eval(str(i)+op+str(value))
    return map(func, iterable)

>>> list(myMap(range(5), '+', 5))    # range(5)的每个数字加 5
[5, 6, 7, 8, 9]
>>> list(myMap(range(5), '-', 5))    # range(5)的每个数字减 5
[-5, -4, -3, -2, -1]
>>> list(myMap(range(5), '*', 5))    # range(5)的每个数字乘以 5
[0, 5, 10, 15, 20]
>>> list(myMap(range(5), '/', 5))    # range(5)的每个数字除以 5
[0.0, 0.2, 0.4, 0.6, 0.8]
>>> list(myMap(range(5), '//', 5))   # range(5)的每个数字整除 5
[0, 0, 0, 0, 0]
>>> list(myMap(range(5), '%', 5))    # range(5)的每个数字对 5 求余数
[0, 1, 2, 3, 4]
>>> list(myMap(range(5), '**', 5))   # range(5)的每个数字的 5 次方
[0, 1, 32, 243, 1024]
```

8.2　函数参数

函数定义时圆括号内是使用逗号分隔开的形参列表，函数可以有多个参数，也可以没有参数，但定义和调用时必须要有一对圆括号，表示这是一个函数。在函数内部，形参相当于局部变量，调用函数时向其传递实参，将实参的引用传递给形参。

8.2.1　位置参数

位置参数是比较常用的形式，调用函数时实参和形参的顺序必须严格一致，并且实参和形参的数量必须相同，实参按顺序和位置传递给形参。例如：

```
>>> def demo(a, b, c):                # 所有形参都是位置参数
    print(a, b, c)

>>> demo(3, 4, 5)                     # 以位置参数形式传递实参
3 4 5
>>> demo(3, 5, 4)
3 5 4
>>> demo(1, 2, 3, 4)                  # 实参与形参数量必须相同，否则出错
```

```
TypeError: demo() takes 3 positional arguments but 4 were given
```

8.2.2 默认值参数

Python 支持默认值参数，在定义函数时可以为形参设置默认值。在调用带有默认值参数的函数时，不用为设置了默认值的形参进行传值，此时函数将会直接使用函数定义时设置的默认值，当然也可以通过显式赋值来替换其默认值。很多内置函数也支持默认值参数，如 print()函数的 sep 和 end 参数，sorted()函数的 key 和 reverse 参数。

在定义带有默认值参数的函数时，任何一个默认值参数右边都不能再出现没有默认值的普通位置参数，否则会提示语法错误。带有默认值参数的函数定义语法如下：

```
def 函数名(……, 形参名=默认值):
    函数体
```

例如，下面的函数 mySum()第二个参数 start 在定义时设置了默认值 0，在调用该函数时，如果不给 start 参数传递实参就使用默认的 0，如果传递了实参就使用接收到的参数。

```
def mySum(iterable, start=0):
    for item in iterable:
        start += item
    return start

print(mySum([1, 2, 3, 4]))
print(mySum([1, 2, 3, 4], 5))
print(mySum(['1', '2', '3', '4'], ''))
print(mySum([[1], [2], [3], [4]], []))
```

运行结果：

```
10
15
1234
[1, 2, 3, 4]
```

8.2.3 关键参数

关键参数指调用函数时的参数传递方式，通过关键参数可以按参数名字传递值，明确指定哪个实参传递给哪个形参。通过这样的调用方式，实参顺序可以和形参顺序不一致，但不影响参数值的传递结果，避免了用户需要牢记参数位置和顺序的麻烦，使得函数的调用和参数传递更加灵活方便。

下面调用内置函数 print()、sorted()以及字符串方法 split()的代码都使用了关键参数的形式。

```
>>> print(1, 3, 5, sep=':')
1:3:5
>>> for i in range(10):
    print(i, end=' ')
```

```
0 1 2 3 4 5 6 7 8 9
>>> sorted([4, 8, 2, 6], reverse=True)
[8, 6, 4, 2]
>>> 'a b c d e f'.split(maxsplit=3)
['a', 'b', 'c', 'd e f']
```

下面的代码演示了调用自定义函数时关键参数的用法。

```
>>> def demo(a, b, c):
    print(a, b, c)

>>> demo(a=2, c=3, b=1)
2 1 3
```

8.2.4　可变长度参数

可变长度参数是指形参对应的实参数量不确定，一个形参可以接收多个实参。在定义函数时主要有两种形式：*parameter 和**parameter，前者用来接收任意多个位置实参并将其放在一个元组中，后者用来接收任意多个关键参数并将其放入字典中。

下面的代码演示了第一种形式可变长度参数的用法，无论调用该函数时传递了多少实参，都是把前 3 个传递给形参变量 a、b、c，剩余的实参按先后顺序存入元组 p 中。

```
>>> def demo(a, b, c, *p):
    print(a, b, c)
    print(p)

>>> demo(1, 2, 3, 4, 5, 6)
1 2 3
(4, 5, 6)
>>> demo(1, 2, 3, 4, 5, 6, 7, 8)
1 2 3
(4, 5, 6, 7, 8)
```

下面的代码演示了第二种形式可变长度参数的用法，在调用该函数时自动将接收的多个关键参数转换为字典中的元素，每个元素的“键”是实参的名字，“值”是实参的值。

```
>>> def demo(**p):
    for item in p.items():
        print(item)

>>> demo(x=1, y=2, z=3)
('y', 2)
('x', 1)
('z', 3)
```

8.3 变量作用域

变量起作用的代码范围称为变量的作用域，不同作用域内变量名字可以相同，互不影响。从变量作用域或者搜索顺序的角度来看，Python 有局部变量、nonlocal 变量、全局变量和内置对象，本书重点介绍局部变量和全局变量。

如果在函数内只有引用某个变量值而没有为其赋值的操作，该变量应为全局变量。如果在函数内有为变量赋值的操作，该变量就被认为是局部变量，除非在函数内赋值操作之前用关键字 global 进行了声明。

下面的代码演示了局部变量和全局变量的用法。

```
>>> def demo():
    global x                # 声明全局变量，必须在使用 x 之前执行该语句
    x = 3                   # 修改全局变量的值
    y = 4                   # 局部变量
    print(x, y)

>>> x = 5                   # 在函数外部定义了全局变量 x
>>> demo()                  # 本次调用修改了全局变量 x 的值
3  4
>>> x
3
>>> y                       # 局部变量在函数运行结束之后自动删除，不再存在
NameError: name 'y' is not defined
>>> del x                   # 删除了全局变量 x
>>> x
NameError: name 'x' is not defined
>>> demo()                  # 本次调用创建了全局变量
3  4
>>> x
3
```

如果局部变量与全局变量具有相同的名字，那么该局部变量会在自己的作用域内暂时隐藏同名的全局变量。例如：

```
>>> def demo():
    x = 3                   # 创建了局部变量，并自动隐藏了同名的全局变量
    print(x)

>>> x = 5                   # 创建全局变量
>>> x
5
```

```
>>> demo()
3
>>> x                       # 函数调用结束后，不影响全局变量 x 的值
5
```

8.4 lambda 表达式

lambda 表达式常用来声明匿名函数，也就是没有名字的、临时使用的小函数，虽然也可以使用 lambda 表达式定义具名函数，但很少这样使用。

lambda 表达式常用在临时需要一个函数的功能但又不想定义函数的场合，如内置函数 sorted()、max()、min()和列表方法 sort()的 key 参数，内置函数 map()、filter()以及标准库 functools 中 reduce()函数的第一个参数，是 Python 函数式编程的重要体现。在本书 2.3 节 map()、reduce()和 filter()函数的示例代码中，已经给出了一些函数式编程的用法。使用函数式编程的模式，代码更加简洁，也更加高效，属于比较推荐的用法。

lambda 表达式只能包含一个表达式，不允许包含选择结构、循环结构等语法结构。例如：

```
>>> from random import sample    # sample()函数选择多个不重复的随机元素
>>> data = [sample(range(100), 10) for i in range(5)]
>>> for row in data:
    print(row)

[72, 47, 87, 27, 75, 14, 0, 67, 16, 52]
[28, 93, 74, 15, 52, 77, 87, 50, 79, 43]
[32, 31, 25, 67, 63, 84, 27, 53, 79, 93]
[22, 3, 56, 91, 75, 83, 51, 89, 14, 45]
[90, 46, 29, 56, 72, 38, 88, 69, 50, 11]
>>> for row in sorted(data):
    print(row)

[22, 3, 56, 91, 75, 83, 51, 89, 14, 45]
[28, 93, 74, 15, 52, 77, 87, 50, 79, 43]
[32, 31, 25, 67, 63, 84, 27, 53, 79, 93]
[72, 47, 87, 27, 75, 14, 0, 67, 16, 52]
[90, 46, 29, 56, 72, 38, 88, 69, 50, 11]
>>> for row in sorted(data, key=lambda row:row[1]):
    print(row)                    # 按每行第 2 个元素升序输出

[22, 3, 56, 91, 75, 83, 51, 89, 14, 45]
[32, 31, 25, 67, 63, 84, 27, 53, 79, 93]
```

```
[90, 46, 29, 56, 72, 38, 88, 69, 50, 11]
[72, 47, 87, 27, 75, 14, 0, 67, 16, 52]
[28, 93, 74, 15, 52, 77, 87, 50, 79, 43]
>>> from functools import reduce
>>> reduce(lambda x,y:x*y, data[0])       # 第一行所有数字相乘
0
>>> reduce(lambda x,y:x*y, data[1])       # 第二行所有数字相乘
171018396981432000
>>> list(map(lambda row:row[0], data))    # 获取每行第一个元素
[72, 28, 32, 22, 90]
>>> list(map(lambda row:row[data.index(row)], data))
                                          # 获取对角线上的元素
[72, 93, 25, 91, 72]
>>> max(data, key=lambda row:row[-1])     # 最后一个元素最大的行
[32, 31, 25, 67, 63, 84, 27, 53, 79, 93]
>>> for row in filter(lambda row:sum(row)%2==0, data):
    print(row)                            # 所有元素之和为偶数的行

[28, 93, 74, 15, 52, 77, 87, 50, 79, 43]
[32, 31, 25, 67, 63, 84, 27, 53, 79, 93]
>>> reduce(lambda x,y:[xx+yy for xx,yy in zip(x,y)], data)
                                          # 每列元素求和
[244, 220, 271, 256, 337, 296, 253, 328, 238, 244]
>>> reduce(lambda x,y:list(map(lambda xx,yy:xx+yy, x, y)), data)
                                          # 每列元素求和，效率高一些
[244, 220, 271, 256, 337, 296, 253, 328, 238, 244]
>>> list(reduce(lambda x,y:map(lambda xx,yy:xx+yy, x, y), data))
                                          # 每列元素求和，实现方式略有不同
[244, 220, 271, 256, 337, 296, 253, 328, 238, 244]
```

8.5 生成器函数

如果函数中包含 yield 语句，那么这个函数的返回值不是单个值，而是一个生成器对象，这样的函数也称生成器函数。代码每次执行到 yield 语句时，返回一个值，然后暂停执行，当通过内置函数 next()、for 循环遍历生成器对象元素或其他方式显式“索要”数据时再恢复执行。生成器对象具有惰性求值的特点，适合大数据处理。

例 8-3　编写生成器函数模拟 Fibonacci 数列，然后使用该生成器函数返回的生成器对象输出 Fibonacci 数列中小于 500 的数字。代码如下：

```
def fibo():
    a, b = 1, 1
    while True:
        yield a
        a, b = b, a+b

seq = fibo()
for num in seq:
    if num > 500:
        break
    print(num, end=' ')
```

运行结果：

```
1 1 2 3 5 8 13 21 34 55 89 144 233 377
```

8.6 应用案例

例 8-4 安排监考。要求每位老师监考场次尽量平均，并且每人不超过一定的次数。代码如下：

```
from random import shuffle

def func(teacherNames, examNumbers, maxPerTeacher):
    '''teacherNames:教师名单，列表类型
       examNumbers:监考总场次，整数
       maxPerTeacher:每个老师最大监考次数，整数
       假设每场考试需要安排两位老师监考'''
    # 构建字典，键为教师名称，值为已安排监考次数
    teachers = {teacher:0 for teacher in teacherNames}
    # 存放监考安排的列表
    result = []
    for _ in range(examNumbers):
        # 选择已安排场次最少的老师
        teacher1 = min(teachers.items(), key=lambda item:item[1])[0]
        # 在其他老师中选择已安排监考场次最少的老师
        restTeachers = [item for item in teachers.items()
                        if item[0]!=teacher1]
        # 乱序，避免总是两个人在一起
        shuffle(restTeachers)
        teacher2 = min(restTeachers, key=lambda item:item[1])[0]
```

```
        if max(teachers[teacher1],
                teachers[teacher2]) >= maxPerTeacher:
            return '数据不合适'
        # 安排一场监考
        teachers[teacher1] += 1
        teachers[teacher2] += 1
        result.append((teacher1, teacher2))
    return result

teacherNames = ['教师'+str(i) for i in range(10)]
# 获取并查看监考安排情况
result = func(teacherNames, 32, 10)
print(result)
# 查看每位老师安排的监考场次
if result != '数据不合适':
    for teacher in teacherNames:
        num = sum(1 for item in result if teacher in item)
        print(teacher, num)
```

运行结果：

```
[('教师0', '教师5'), ('教师1', '教师3'), ('教师2', '教师8'), ('教师4', '教师7'), ('教师6', '教师9'), ('教师0', '教师5'), ('教师1', '教师7'), ('教师2', '教师9'), ('教师3', '教师4'), ('教师6', '教师8'), ('教师0', '教师5'), ('教师1', '教师7'), ('教师2', '教师3'), ('教师4', '教师9'), ('教师6', '教师8'), ('教师0', '教师4'), ('教师1', '教师3'), ('教师2', '教师5'), ('教师6', '教师9'), ('教师7', '教师8'), ('教师0', '教师2'), ('教师1', '教师4'), ('教师3', '教师9'), ('教师5', '教师6'), ('教师7', '教师8'), ('教师0', '教师6'), ('教师1', '教师2'), ('教师3', '教师9'), ('教师4', '教师7'), ('教师5', '教师8'), ('教师0', '教师2'), ('教师1', '教师4')]
教师0 7
教师1 7
教师2 7
教师3 6
教师4 7
教师5 6
教师6 6
教师7 6
教师8 6
教师9 6
```

例 8-5 使用秦九韶算法快速求解多项式的值。代码如下：

```
from functools import reduce

def func(factors, x):
    result = reduce(lambda a, b: a*x+b, factors)
    return result

factors = (3, 8, 5, 9, 7, 1)
print(func(factors, 1))

factors = (5, 0, 0, 0, 0, 1)
print(func(factors, 2))
```

运行结果：

```
33
161
```

例 8-6　研究发现，男人在候车厅之类的场合选择长椅上的座位休息时，一般倾向于选择最长空座位串的中间位置。例如，下面的过程（x 表示有人，____表示没有人）：

```
_________x_________
____x____x_________
____x____x____x____
```

编写程序，模拟长椅上座位被占用的情况和先后顺序。代码如下：

```
def arrangeOrder(n):
    seats = [0] * n
    for _ in range(n):
        span = (0, 0)
        for pos in range(n):
            if seats[pos]==0 and (pos==0 or seats[pos-1]==1):
                start = pos
            elif (seats[pos]==1  and seats[pos-1]==0 and
                  pos-start>span[1]-span[0]):
                span = (start, pos-1)
        if seats[pos]==0 and pos-start>=span[1]-span[0]:
            span = (start, pos)
        seats[(span[1]+span[0])//2] = 1
        print(''.join(map(str,
                          seats)).translate(''.maketrans('01',
                                                         '_x')))

arrangeOrder(18)
```

运行结果：

```
________x_________
________x____x____
___x____x____x____
___x____x____x_x__
___x____x_x__x_x__
___x_x__x_x__x_x__
_x_x_x__x_x__x_x__
_x_x_x__x_x__x_xx_
_x_x_x__x_xx_x_xx_
_x_x_xx_x_xx_x_xx_
_x_x_xx_x_xx_x_xxx
_x_x_xx_x_xx_xxxxx
_x_x_xx_x_xxxxxxxx
_x_x_xx_xxxxxxxxxx
_x_x_xxxxxxxxxxxxx
_x_xxxxxxxxxxxxxxx
_xxxxxxxxxxxxxxxxx
xxxxxxxxxxxxxxxxxx
```

例 8-7 编写生成器函数模拟理财账号余额变化规律，然后使用该函数计算理财账号余额翻倍所需要的时间，假设收益利率固定不变。代码如下：

```
def balance(base, rate):
    while True:
        base += base*rate
        yield base

base = 10           # 存款 10 元
rate = 0.02         # 假设利率固定不变

for year, current in enumerate(balance(base, rate), start=1):
    if current >= 2*base:
        print(year, current)
        break
```

运行结果：

```
36 20.398873437157043
```

例 8-8 编写生成器函数，模拟内置函数 enumerate()的功能。代码如下：

```
def myEnumerate(seq):
    index = 0
    for item in seq:
```

```
        yield (index, item)
        index = index + 1

for item in myEnumerate('Hello World'):
    print(item, end=' ')
```

运行结果：

```
(0, 'H') (1, 'e') (2, 'l') (3, 'l') (4, 'o') (5, ' ') (6, 'W') (7, 'o') (8, 'r') (9, 'l') (10, 'd')
```

例 8-9　编写递归函数模拟汉诺塔问题，并查看汉诺塔上盘子的移动和变化情况。代码如下：

```
def hannoi(num, src, dst, temp=None):    # 递归算法
    if num < 1:
        return
    global times              # 声明用来记录移动次数的变量为全局变量
    # 递归调用函数自身，先把除最后一个盘子之外的所有盘子移动到临时柱子上
    hannoi(num-1, src, temp, dst)
    # 移动最后一个盘子
    print('The {0} Times move:{1}==>{2}'.format(times, src, dst))
    towers[dst].append(towers[src].pop())
    for tower in 'ABC':    # 输出 3 根柱子上的盘子
        print(tower, ':', towers[tower])
    times += 1
    # 把除最后一个盘子之外的其他盘子从临时柱子上移动到目标柱子上
    hannoi(num-1, temp, dst, src)

times = 1                     # 用来记录移动次数的变量
n = 3                         # 盘子数量
towers = {'A':list(range(n, 0, -1)),     # 初始状态，所有盘子都在 A 柱上
          'B':[],
          'C':[]
         }
# A 表示最初放置盘子的柱子，C 是目标柱子，B 是临时柱子
hannoi(n, 'A', 'C', 'B')
```

运行结果：

```
The 1 Times move:A==>C
A : [3, 2]
B : []
C : [1]
The 2 Times move:A==>B
```

```
A : [3]
B : [2]
C : [1]
The 3 Times move:C==>B
A : [3]
B : [2, 1]
C : []
The 4 Times move:A==>C
A : []
B : [2, 1]
C : [3]
The 5 Times move:B==>A
A : [1]
B : [2]
C : [3]
The 6 Times move:B==>C
A : [1]
B : []
C : [3, 2]
The 7 Times move:A==>C
A : []
B : []
C : [3, 2, 1]
```

例 8-10 编写函数，判断一个数字是否为丑数。一个数的因数如果只包含 2、3 或 5，那么这个数是丑数。代码如下：

```
def demo(n):
    for i in (2, 3, 5):
        while True:
            m, r = divmod(n, i)
            if r != 0:
                break
            else:
                n = m
    return n==1

print(demo(30))
print(demo(50))
print(demo(70))
print(demo(90))
```

运行结果：

```
True
True
False
True
```

例 8-11　假设你正参加一个有奖游戏节目，并且有 3 道门可选，其中一个后面是汽车，另外两个后面是山羊。你选择一个门，比如说 1 号门，主持人事先知道每个门后面是什么并且打开了另一个门，比如说 3 号门，后面是一只山羊，然后主持人问你“你想改选 2 号门吗？”这时你可以坚持原来的选择，也可以重新选择 2 号门，如果门后面是山羊就输掉游戏，如果门后面是汽车就赢得游戏。编写程序，模拟这个过程。代码如下：

```
from random import randrange

def init():
    '''返回一个字典，键为 3 个门号，值为门后面的物品'''
    result = {i: 'goat' for i in range(3)}
    r = randrange(3)
    result[r] = 'car'
    return result

def startGame():
    # 获取本次游戏中每个门的情况
    doors = init()
    # 获取玩家选择的门号
    while True:
        try:
            firstDoorNum = int(input('Choose a door to open:'))
            assert 0<= firstDoorNum <=2
            break
        except:
            print('Door number must be between {} and {}'.format(0,2))
    # 主持人查看另外两个门后的物品情况
    for door in doors.keys()-{firstDoorNum}:
        # 打开其中一个后面为山羊的门
        if doors[door] == 'goat':
            print('"goat" behind the door', door)
            # 获取第三个门号，让玩家纠结
            thirdDoor = (doors.keys()-{door, firstDoorNum}).pop()
            change = input('Switch to {}?(y/n)'.format(thirdDoor))
            finalDoorNum = thirdDoor if change=='y' else firstDoorNum
```

```
            if doors[finalDoorNum] == 'goat':
                return 'I Win!'
            else:
                return 'You Win.'

while True:
    print('='*30)
    print(startGame())
    r = input('Do you want to try once more?(y/n):')
    if r == 'n':
        break
```

运行结果：

```
==============================
Choose a door to open:2
"goat" behind the door 0
Switch to 1?(y/n)y
I Win!
Do you want to try once more?(y/n):y
==============================
Choose a door to open:0
"goat" behind the door 1
Switch to 2?(y/n)y
You Win.
Do you want to try once more?(y/n):y
==============================
Choose a door to open:1
"goat" behind the door 2
Switch to 0?(y/n)n
I Win!
Do you want to try once more?(y/n):n
```

例 8-12 编写函数，接收两个字符串 origin 和 userInput，测试对应位置上字符相同的数量与字符串 origin 长度的比值。代码如下：

```
def Rate(origin, userInput):
    right = sum(map(lambda oc, uc: oc==uc, origin, userInput))
    return round(right/len(origin), 3)

origin = 'Complex is better than complicated.'
userInput = 'Complex is BETTER than complicated.'
print(Rate(origin, userInput))
```

运行结果：

```
0.829
```

例 8-13　编写函数，计算形式如 a + aa + aaa + aaaa + … + aaa…aaa 的表达式的值，其中 a 为小于 10 的自然数。代码如下：

```
def demo(a, n):
    a = str(a)
    return sum(map(lambda i:eval(a*i), range(1,n+1)))

print(demo(1, 3))
print(demo(5, 4))
print(demo(9, 2))
```

运行结果：

```
123
6170
108
```

例 8-14　编写函数，接收自然数 num，输出杨辉三角形的前 num 行。杨辉三角形中的数字和组合数有关系，例如，第 n 行第 i 列的值恰好为组合数 C_n^i 的值，其中 n 和 i 都从 0 开始，即 n=0 表示第一行。下面的代码中用到了标准库 functools 中的修饰器函数 lru_cache()，使用该修饰器函数对 cni()函数进行修饰，为 cni()函数增加缓存来减少重复计算从而提高运行速度。

```
from functools import lru_cache

@lru_cache(maxsize=64)
def cni(n, i):
    if n==i or i==0:
        return 1
    return cni(n-1,i) + cni(n-1,i-1)

def yanghui(num):
    for n in range(num):
        for i in range(n+1):
            print(str(cni(n, i)).ljust(4), end=' ')
        print()

yanghui(8)
```

运行结果：

```
1
1    1
```

```
1    2    1
1    3    3    1
1    4    6    4    1
1    5    10   10   5    1
1    6    15   20   15   6    1
1    7    21   35   35   21   7    1
```

例 8-15 编写生成器函数，模拟内置函数 filter()。关于内置函数 filter()的功能和使用方法，请参考本书 2.3.7 小节。代码如下：

```
def myFilter(func, seq):
    if func is None:
        func = bool
    for item in seq:
        if func(item):
            yield item

print(list(myFilter(None, range(-3, 5))))
print(myFilter(str.isdigit, '123bcdse45'))
print(list(myFilter(lambda x:x>5, range(10))))
```

运行结果：

```
[-3, -2, -1, 1, 2, 3, 4]
<generator object myFilter at 0x06AAA060>
[6, 7, 8, 9]
```

本章知识要点

（1）把用来解决某一类问题的代码封装成函数，如求和、最大值、排序等，可以在不同的程序中重复利用这些功能，使得代码更加精练，更加容易维护。

（2）函数递归通常用来把一个大型的复杂问题层层转化为一个与原来问题本质相同但规模很小、很容易解决或描述的问题，只需要很少的代码就可以描述解决问题过程中需要的大量重复计算。

（3）在编写递归函数时，应注意：①每次递归应保持问题性质不变；②每次递归应使得问题规模变小或使用更简单的输入；③必须有一个能够直接处理而不需要再次进行递归的特殊情况来保证递归过程可以结束；④函数递归深度不能太大，否则会引起内存崩溃。

（4）位置参数是比较常用的形式，调用函数时实参和形参的顺序必须严格一致，并且实参和形参的数量必须相同。

（5）在调用带有默认值参数的函数时，可以不用为设置了默认值的形参进行传值，此时函数将会直接使用函数定义时设置的默认值，也可以通过显式赋值来替换其默认值。

（6）关键参数主要指调用函数时的参数传递方式，通过关键参数可以按参数名字传递值，明确指定哪个值传递给哪个参数。

（7）可变长度参数是指形参对应的实参数量不确定，一个形参可以接收多个实参。在定义函数时主要有两种形式：*parameter 和**parameter，前者用来接收任意多个位置实参并将其放在一个元组中，后者用来接收任意多个关键参数并将其放入字典中。

（8）不同作用域内变量名字可以相同，互不影响。

（9）lambda 表达式常用在临时需要一个类似于函数的功能但又不想定义函数的场合，如内置函数 sorted()、max()、min()和列表方法 sort()的 key 参数，内置函数 map()、filter()以及标准库 functools 中 reduce()函数的第一个参数，是 Python 函数式编程的重要体现。

（10）如果函数中包含 yield 语句，那么这个函数的返回值不是单个值，而是一个生成器对象，这样的函数也称生成器函数。

（11）生成器对象具有惰性求值的特点，适合大数据处理。

习题

1.（单选题）下面哪个关键字用来定义函数？（　　）

A．def　　B．define　　C．function　　D．class

2.（填空题）在函数内部可以通过关键字__________来定义全局变量，也可以用来声明使用已有的全局变量。

3.（填空题）如果函数中没有 return 语句或者 return 语句不带任何返回值，那么该函数的返回值为__________。

4.（填空题）已知 g = lambda x, y=3, z=5: x*y*z，则语句 print(g(1))的输出结果为__________。

5.（填空题）已知 g = lambda x, y=3, z=5: x*y*z，则语句 print(g(1, z=2))的输出结果为__________。

6.（填空题）已知函数定义 def demo(x, y, op):return eval(str(x)+op+str(y))，那么表达式 demo(3, 5, '*')的值为__________。

7.（填空题）已知 f = lambda x: 5，那么表达式 f(3)的值为__________。

8.（填空题）依次执行语句 x = 3，def modify():x=5，那么执行函数调用 modify()之后，x 的值为__________。

9.（单选题）下面代码的输出结果为？（　　）

```
nums = [1, 2, 3, 4, 10, 11, 12]
print(max(nums, key=lambda num: (-len(str(num)), num)))
```

A．1　　B．4　　C．10　　D．12

10.（多选题）已知函数定义如下：

```
def func(x, y, z=None):
    pass
```

那么下面调用语句有哪些是合法的？（　　）

A．func(3, 4)　　B．func(3, 4, 5)　　C．func(*'abc')　　D．func(**{'x':3, 'y':4, 'z':5})

11.（多选题）下面可以使用 lambda 表达式的场合有哪些？（　　）

A．max()函数的 key 参数　　B．min()函数的 key 参数

C．sorted()函数的 key 参数　　D．map()函数的第一个参数

第 9 章 文件与文件夹操作

本章学习目标

- 理解文本文件和二进制文件的概念
- 熟练掌握内置函数 open()的用法
- 理解不同打开模式的区别
- 熟练掌握文件对象的方法
- 熟练掌握关键字 with 的用法
- 了解 json 模块读写 JSON 格式文件的用法
- 了解 csv 模块读写 CSV 格式文件的用法
- 熟练掌握 os 和 os.path 模块对文件和文件夹操作的函数
- 了解 shutil 模块对文件和文件夹操作的函数
- 熟练掌握扩展库 python-docx 对 Word 文件的操作
- 熟练掌握扩展库 openpyxl 对 Excel 文件的操作

9.1 文件的概念及分类

文件是长久保存信息并允许重复使用和反复修改的重要方式，同时也是信息交换的重要途径。记事本文件、日志文件、各种配置文件、数据库文件、图像文件、音频/视频文件、可执行文件、Office 文档、动态链接库文件等，都以不同的文件形式存储在各种存储设备（如磁盘、U 盘、光盘、云盘、网盘等）上。

按数据读写形式的不同，可以把文件分为文本文件和二进制文件两大类。

1. 文本文件

文本文件可以使用记事本、gedit、ultraedit 等字处理软件直接进行显示和编辑，并且人们能够直接阅读和理解。文本文件由若干文本行组成，包含英文字母、汉字、数字字符串、标点符号等。扩展名为 txt、log、ini、c、cpp、py、pyw、html、js、css 的文件都属于文本文件。

2. 二进制文件

数据库文件、图像文件、可执行文件、动态链接库文件、音频文件、视频文件、Office 文档等均属于二进制文件。二进制文件无法用记事本或其他普通字处理软件正常进行编辑，人们也无法直接阅读和理解，需要使用正确的软件进行解码或反序列化之后才能正确地读取、显示、修改或执行。

9.2　文件操作基本知识

操作文件内容一般需要三步：首先打开文件并创建文件对象，然后通过该文件对象对文件内容进行读取、写入、删除、修改等操作，最后关闭并保存文件内容。

9.2.1　内置函数 open()

Python 内置函数 open()可以指定模式打开指定文件并创建文件对象，该函数完整的用法如下：

```
open(file, mode='r', buffering=-1, encoding=None,
     errors=None, newline=None, closefd=True, opener=None)
```

该函数的主要参数含义如下：

（1）参数 file 指定要操作的文件名称，如果该文件不在当前目录中，建议使用绝对路径，确保从当前工作文件夹出发可以访问到该文件。为了减少路径中分隔符“\”的输入，可以使用原始字符串。

（2）参数 mode（取值范围见表 9-1）指定打开文件后的处理方式，如“只读”“只写”“读写”“追加”“二进制读”“二进制写”等，默认为“文本只读模式”。

（3）参数 encoding 指定对文本进行编码和解码的方式（Windows 系统中默认使用 CP936），只适用于文本模式，可以使用 Python 支持的任何格式，如 GBK、UTF8、CP936 等。

表 9-1　文件打开模式

模　式	说　明
r	读模式（默认模式，可省略），如果文件不存在，抛出异常
w	写模式，如果文件已存在，先清空原有内容；如果文件不存在，创建新文件
x	写模式，创建新文件，如果文件已存在则抛出异常
a	追加模式，不覆盖文件中原有内容
b	二进制模式（可与 r、w、x 或 a 模式组合使用），使用二进制模式打开文件时不允许指定 encoding 参数
t	文本模式（默认模式，可省略）
+	读、写模式（可与其他模式组合使用）

如果执行正常，open()函数返回 1 个文件对象，通过该文件对象可以对文件进行读写操作。如果指定文件不存在、访问权限不够、磁盘空间不够或其他原因导致创建文件对象失败则抛出异常。

当对文件内容操作完以后，一定要关闭文件对象，这样才能保证所做的任何修改都确实被保存到文件中了。然而，即使写了关闭文件的代码，也无法保证文件一定能够正常关闭。例如，如果在打开文件之后和关闭文件之前发生了错误导致程序崩溃，这时文件就无法正常关闭了。在管理文件对象时推荐使用 with 关键字，可以避免这个问题（参见 9.2.3 小节）。

9.2.2 文件对象常用方法

如果执行正常，open()函数返回 1 个文件对象，通过该文件对象可以对文件进行读写操作。文件对象常用方法如表 9-2 所示。

表 9-2 文件对象常用方法

方法	功能说明
close()	把缓冲区的内容写入文件，同时关闭文件，释放文件对象
read([size])	从文本文件中读取并返回 size 个字符，或从二进制文件中读取并返回 size 个字节，省略 size 参数表示读取文件中全部内容
readline()	从文本文件中读取并返回一行内容
readlines()	返回包含文本文件中每行内容的列表
write(s)	把 s 的内容写入文件，如果写入文本文件则 s 应该是字符串，如果写入二进制文件则 s 应该是字节串
writelines(s)	把列表 s 中的所有字符串写入文本文件

使用 read()和 write()方法读写文件内容时，表示当前位置的文件指针会自动向后移动，并且每次都是从当前位置开始读写。例如，打开文件之后，读取 5 个字符，此时文件指针指向第 6 个字符，当再次使用 read()读取内容时，从第 6 个字符开始。

9.2.3 上下文管理语句 with

在实际开发中，读写文件应优先考虑使用上下文管理语句 with。关键字 with 可以自动管理资源，不论因为什么原因跳出 with 块，总能保证文件被正确关闭。除了用于文件操作，with 关键字还可以用于数据库连接、网络连接或类似场合。用于文件内容读写时，with 语句的语法形式如下：

```
with open(filename, mode, encoding) as fp:
    # 这里写通过文件对象 fp 读写文件内容的语句
```

9.3 文本文件内容操作案例

例 9-1 将字符串写入使用 UTF8 编码格式的文本文件，然后再读取并输出。代码如下：

```
s = 'Hello world\n 文本文件的读取方法\n 文本文件的写入方法\n'
with open('sample.txt', 'w', encoding='utf8') as fp:
    fp.write(s)
with open('sample.txt', encoding='utf8') as fp:
    print(fp.read())
```

例 9-2 遍历并输出文本文件的所有行内容。代码如下：

```
with open('sample.txt') as fp:          # 假设文件采用 CP936 编码
    for line in fp:                     # 文本文件对象可以直接迭代
        print(line)                     # 每次输出一行内容
```

例 9-3 把列表中若干中英文混合的字符串写入文本文件，并在每行最后加上以井号开头的行号，要求所有行的井号垂直对齐。代码实现原理是，GBK 编码格式中使用两个字节表示一个中文字符，而在显示时一个中文字符正好也占用两个英文字符的宽度。代码如下：

```
text = ['Readability counts.',
        '老龙恼怒闹老农，老农恼怒闹老龙。农怒龙恼农更怒，龙恼农怒龙怕农。',
        '人生苦短，我用 Python',
        'Python 程序设计实验指导书,Python 可以这样学'
        'Python 程序设计开发宝典,玩转 Python 轻松过二级',
        '樱桃,cherry']
longestLine = max(text, key=lambda s:len(s.encode('gbk')))
maxLength = len(longestLine.encode('gbk'))
with open('result.txt', 'w') as fp:
    for index, line in enumerate(text):
        fp.write(line+' '*(maxLength-len(line.encode('gbk')))
                 +' # {}\n'.format(index))
```

例 9-4 读取 Python 安装目录中 news.txt 文件的内容，然后输出其中第 100 个字符开始的 50 个字符。代码如下：

```
with open('news.txt', 'r', encoding='utf8') as fp:
    content = fp.read()
print(content[100:150])
```

例 9-5 读取文本文件 data.txt（文件中每行存放一个整数）中所有整数，按升序排序后再写入文本文件 data_asc.txt 中。在本例代码中，data.sort(key=int)是对读取到的所有数字构成的列表进行排序，内置函数 int()可以自动忽略数字字符串两侧的空白字符，详见 2.3.1 小节的介绍。另外，在数据文件 data.txt 中，最后一行数字之后应该有一个回车，否则会影响结果，因为文件对象的 writelines()方法不会自动插入换行符。

```
with open('data.txt') as fp:
    data = fp.readlines()
data.sort(key=int)
with open('data_new.txt', 'w') as fp:
    fp.writelines(data)
```

9.4 JSON 文件操作

JSON（JavaScript Object Notation）是一个轻量级的数据交换格式，Python 标准库 json 完美实现了对该格式的支持，使用 dumps()函数把对象序列化为字符串，使用 loads()函数把 JSON 格式字符串还原为 Python 对象，使用 dump()函数把数据序列化并直接写入文件，使用 load()函数读取 JSON 格式文件并直接还原为 Python 对象。例如：

```
>>> import json
>>> json.dumps(['a','b','c'])                    # 序列化列表对象
```

```
'["a", "b", "c"]'
>>> json.loads(_)                          # 反序列化，还原对象
['a', 'b', 'c']
>>> json.dumps({'a':1, 'b':2, 'c':3})    # 序列化字典对象
'{"a": 1, "b": 2, "c": 3}'
>>> json.loads(_)
{'a': 1, 'b': 2, 'c': 3}
>>> json.dumps([1, 2, 3, {'4': 5, '6': 7}])
'[1, 2, 3, {"4": 5, "6": 7}]'
# 指定分隔符，可以压缩存储，注意和上面结果的区别
>>> json.dumps([1, 2, 3, {'4':5, '6':7}], separators=(',', ':'))
'[1,2,3,{"4":5,"6":7}]'
>>> json.loads(_)
[1, 2, 3, {'4': 5, '6': 7}]
>>> json.dumps('山东烟台')                 # 序列化中文字符串
'"\\u5c71\\u4e1c\\u70df\\u53f0"'
>>> json.loads(_)
'山东烟台'
>>> s = '''董付国，系列图书：
《Python 程序设计基础（第 3 版）》、
《Python 程序设计（第 3 版）》、
《Python 可以这样学》、
《Python 程序设计开发宝典》、
《中学生可以这样学 Python》、
《玩转 Python 轻松过二级》、
《Python 程序设计基础与应用（第 2 版）》、
《Python 程序设计实验指导书》、
《Python 编程基础与案例集锦（中学版）》'''
>>> with open('test.txt', 'w') as fp:    # 将内容序列化并写入文本文件
    json.dump(s, fp)

>>> with open('test.txt') as fp:          # 读取文件内容并反序列化
    print(json.load(fp))

董付国，系列图书：
《Python 程序设计基础（第 3 版）》、
《Python 程序设计（第 3 版）》、
《Python 可以这样学》、
《Python 程序设计开发宝典》、
```

《中学生可以这样学 Python》、
《玩转 Python 轻松过二级》、
《Python 程序设计基础与应用（第 2 版）》、
《Python 程序设计实验指导书》、
《Python 编程基础与案例集锦（中学版）》

9.5　CSV 文件操作

CSV 文件使用纯文本存储数据，是一种常见的数据存储格式，常用于在不同软件程序之间交换表格数据。Python 标准库 csv 支持对该格式文件的操作。

例 9-6　生成数据模拟饭店营业额，并写入 CSV 文件。代码如下：

```
import csv
import random
import datetime

fn = 'data.csv'
# 使用参数 newline=''使得不会插入空行
with open(fn, 'w', newline='') as fp:
    # 创建 csv 文件写入对象
    wr = csv.writer(fp)
    # 写入表头
    wr.writerow(['日期', '销量'])

    # 把今天作为模拟数据的第一天
    startDate = datetime.date.today()

    # 生成 30 个模拟数据，可以根据需要进行调整
    for i in range(1, 30):
        # 生成一个模拟数据，写入 csv 文件
        amount = 300 + i*5 + random.randrange(100)
        wr.writerow([str(startDate), amount])
        # 下一天
        startDate = startDate + datetime.timedelta(days=1)

# 读取文件，输出数据
with open(fn) as fp:
    rd = csv.reader(fp)
    for line in rd:
        print(line)
```

9.6 标准库对文件与文件夹的操作

本节主要介绍 os、os.path、shutil 这三个标准库对文件和文件夹的操作，如查看文件清单、删除文件、获取文件属性、压缩与解压缩文件等。

9.6.1 os 模块

Python 标准库 os 提供了大量文件与文件夹操作的函数，表 9-3 中列出了常用的几个。

表 9-3　os 模块常用函数

函　数	功 能 说 明
chdir(path)	把 path 设为当前工作文件夹
getcwd()	返回当前工作文件夹
listdir(path)	返回 path 文件夹中的文件和子文件夹列表，path 默认为当前文件夹
mkdir(path)	创建文件夹，目标文件夹存在时出错
rmdir(path)	删除 path 指定的文件夹，要求其中不能有文件或子文件夹
remove(path)	删除指定的文件，要求用户拥有删除文件的权限，并且文件没有只读或其他特殊属性
rename(src, dst)	重命名文件或文件夹
startfile(filepath [, operation])	使用关联的应用程序打开指定文件或启动指定应用程序

os 模块的基本用法如下：

```
>>> import os
>>> os.getcwd()                            # 返回当前工作文件夹
>>> os.mkdir('test')                       # 在当前文件夹下创建 test 子文件夹
>>> os.rmdir('test')                       # 删除 test 子文件夹
>>> os.startfile('notepad.exe')            # 启动记事本程序
>>> for fn in os.listdir():                # 输出当前文件夹中指定类型的文件
    if fn.endswith(('.bmp', '.jpg', '.png')):
        print(fn)
```

9.6.2 os.path 模块

os.path 模块提供了大量用于路径判断、切分、连接以及文件夹遍历的函数，其中一部分如表 9-4 所示。

表 9-4　os.path 模块常用成员

方　法	功 能 说 明
abspath(path)	返回给定路径的绝对路径

（续）

方　　法	功 能 说 明
basename(path)	返回指定路径的最后一个组成部分
dirname(p)	返回给定路径的文件夹部分
exists(path)	判断路径是否存在
getatime(filename)	返回文件的最后访问时间
getctime(filename)	返回文件的创建时间
getmtime(filename)	返回文件的最后修改时间
getsize(filename)	返回文件的大小，单位为字节
isdir(path)	判断 path 是否为文件夹
isfile(path)	判断 path 是否为文件
join(path, *paths)	连接两个或多个 path
split(path)	以路径中的最后一个斜线为分隔符把路径分隔成两部分，以元组形式返回
splitext(path)	从路径中分隔文件的扩展名，返回元组
splitdrive(path)	从路径中分隔驱动器的名称，返回元组

os.path 模块的基本用法如下：

```
>>> import os.path as path
>>> fileName = r'C:\Python39\python.exe'
>>> path.isfile(fileName)                        # 判断是否为文件
True
>>> path.isdir(fileName)                         # 判断是否为文件夹
False
>>> path.getsize(fileName)                       # 获取文件大小，单位为字节
103416
>>> path.basename(fileName)                      # 获取路径中最后一部分的名称
'python.exe'
>>> path.dirname(fileName)                       # 最后一个路径分隔符前面的部分
'C:\\Python39'
>>> path.splitext(fileName)                      # 分隔文件扩展名
('C:\\Python39\\python', '.exe')
>>> import os
>>> os.getcwd()
'C:\\Python39'
>>> path.join(os.getcwd(), 'pythonw.exe')       # 连接多个路径
'C:\\Python39\\pythonw.exe'
>>> import time
```

```
>>> path.getctime(fileName)                      # 获取文件创建时间
1652777164.0
>>> time.strftime('%Y-%m-%d %H:%M:%S',           # 转换时间格式
                  time.localtime(path.getctime(fileName)))
'2022-05-17 16:46:04'
```

例 9-7 使用递归法遍历指定文件夹及其子文件夹中的所有子文件夹和文件。代码如下：

```
from os import listdir
from os.path import join, isfile, isdir

def listDirDepthFirst(directory):
    # 遍历文件夹，如果是文件就直接输出
    # 如果是文件夹，就输出显示，然后递归遍历该文件夹
    for subPath in listdir(directory):
        # listdir()列出的是相对路径，需要使用 join()把父目录连接起来
        path = join(directory, subPath)
        if isfile(path):
            print(path)
        elif isdir(path):
            print(path)
            listDirDepthFirst(path)
```

9.6.3 shutil 模块

shutil 模块也提供了大量的方法支持文件和文件夹操作，常用方法如表 9-5 所示。

表 9-5 shutil 模块常用成员

方法	功能说明
copy(src, dst)	复制文件，新文件具有同样的文件属性，如果目标文件已存在则抛出异常
copyfile(src, dst)	复制文件，不复制文件属性，如果目标文件已存在则直接覆盖
copytree(src, dst)	递归复制文件夹
disk_usage(path)	查看磁盘使用情况
move(src, dst)	移动文件或递归移动文件夹，也可以用来给文件和文件夹重命名
rmtree(path)	递归删除文件夹
make_archive(base_name, format, root_dir=None, base_dir=None)	创建 tar 或 zip 格式的压缩文件
unpack_archive(filename, extract_dir=None, format=None)	解压缩

下面通过几个示例来演示 shutil 模块的基本用法。

（1）下面的代码把 C:\dir1.txt 文件复制到 D:\dir2.txt。

```
>>> import shutil
>>> shutil.copyfile('C:\\dir1.txt', 'D:\\dir2.txt')
```

（2）下面的代码把 C:\Python39\Dlls 文件夹以及该文件夹中所有文件压缩至 D:\a.zip 文件。

```
>>> shutil.make_archive('D:\\a', 'zip', 'C:\\Python39', 'Dlls')
'D:\\a.zip'
```

（3）下面的代码把刚压缩得到的文件 D:\a.zip 解压缩至 D:\a_unpack 文件夹。

```
>>> shutil.unpack_archive('D:\\a.zip', 'D:\\a_unpack')
```

（4）下面的代码使用 shutil 模块的方法删除刚刚解压缩得到的文件夹。

```
>>> shutil.rmtree('D:\\a_unpack')
```

（5）下面的代码使用 shutil 模块的 copytree()函数递归复制文件夹，忽略扩展名为 pyc 的文件和以“新”开头的文件和子文件夹。

```
>>> from shutil import copytree, ignore_patterns
>>> copytree('C:\\python39\\test',
             'D:\\des_test',
             ignore=ignore_patterns('*.pyc', '新*'))
```

例 9-8　自动检测 U 盘插入并把 U 盘上所有文件复制到本地硬盘上。下面的代码中用到的 psutil 是 Python 用于运维的扩展库，其中 disk_partitions()函数用于获取本地计算机的硬盘分区信息。

```
from shutil import copytree
from time import sleep
from psutil import disk_partitions

while True:
    sleep(3)
    # 检查所有驱动器
    for item in disk_partitions():
        # 发现可移动驱动器
        if 'removable' in item.opts:
            driver = item.device
            # 输出可移动驱动器符号
            print('Found USB disk:', driver)
            break
    else:
        continue
    break

# 复制根目录
```

```
copytree(driver, r'D:\usbdriver')
print('all files copied.')
```

9.7 Excel 与 Word 文件操作案例

例 9-9 已知一个包含电影名称、导演名称和参演演员清单的文件“电影导演演员.xlsx”，内容如图 9-1 所示，其中演员清单中每个演员使用中文逗号分隔。要求使用 Python 扩展库 openpyxl 读取其中的数据，并查找关系最好的两个演员和关系最好的三个演员。这里假设，如果某两个演员共同参演电影的数量最多，那么这二人关系最好。代码如下：

	A	B	C
1	电影名称	导演	演员
2	电影1	导演1	演员1，演员2，演员3，演员4
3	电影2	导演2	演员3，演员2，演员4，演员5
4	电影3	导演3	演员1，演员5，演员3，演员6
5	电影4	导演1	演员1，演员4，演员3，演员7
6	电影5	导演2	演员1，演员2，演员3，演员8
7	电影6	导演3	演员5，演员7，演员3，演员9
8	电影7	导演4	演员1，演员4，演员6，演员7
9	电影8	导演1	演员1，演员4，演员3，演员8
10	电影9	导演2	演员5，演员4，演员3，演员9
11	电影10	导演3	演员1，演员4，演员5，演员10
12	电影11	导演1	演员1，演员4，演员3，演员11
13	电影12	导演2	演员7，演员4，演员9，演员12
14	电影13	导演3	演员1，演员7，演员3，演员13
15	电影14	导演4	演员10，演员4，演员9，演员14
16	电影15	导演5	演员1，演员8，演员11，演员15
17	电影16	导演6	演员14，演员4，演员13，演员16
18	电影17	导演7	演员3，演员4，演员9
19	电影18	导演8	演员3，演员4，演员10

图 9-1 电影导演演员.xlsx 文件内容

```
from itertools import combinations
from functools import reduce
from openpyxl import load_workbook

def getData(filename):
    actors = dict()
    # 打开 xlsx 文件，并获取第一个 worksheet
    ws = load_workbook(filename).worksheets[0]
    # 遍历 Excel 文件中的所有行
    for index, row in enumerate(ws.rows):
        # 绕过第一行的表头
        if index == 0:
            continue
```

```
        # 获取电影名称和演员列表
        filmName, actor = row[0].value, row[2].value.split('，')
        # 遍历该电影的所有演员，统计参演电影
        for a in actor:
            actors[a] = actors.get(a, set())
            actors[a].add(filmName)
    return actors

def relations2(data, num):
    # 参数 num 表示要查找关系最好的 num 个人
    # 包含全部电影名称的集合
    allFilms = reduce(lambda x,y: x|y, data.values())
    # 关系最好的 num 个演员及其参演电影名称
    combiData = combinations(data.items(), num)
    trueLove = max(combiData,
                   key=lambda item: len(reduce(lambda x,y:x&y,
                                               [i[1] for i in item],
                                               allFilms)))
    return ('关系最好的{0}个演员是{1}，'
            '共同主演电影数量是{2}'.format(num,
                                    tuple((item[0] for item in trueLove)),
                                    len(reduce(lambda x,y:x&y,
                                               [it[1] for it in trueLove],
                                               allFilms))))


data = getData('电影导演演员.xlsx')
print(relations2(data, 2))
print(relations2(data, 3))
```

运行结果：

```
关系最好的 2 个演员是('演员 3', '演员 4')，共同主演电影数量是 8
关系最好的 3 个演员是('演员 1', '演员 3', '演员 4')，共同主演电影数量是 4
```

例 9-10　假设有一文件 data.xlsx，内容如图 9-2 所示，要求使用 Python 扩展库 openpyxl 读取并输出 Excel 文件中 D 列所有单元格内容，如果单元格包含公式则输出公式的计算结果。代码如下：

```
from openpyxl import load_workbook

# 打开 Excel 文件，获取 WorkSheet
ws = load_workbook('data.xlsx', data_only=True).worksheets[0]
```

```
# 遍历 Excel 文件所有行，假设下标为 3 的列中是公式
for row in ws.rows:
    print(row[3].value)
```

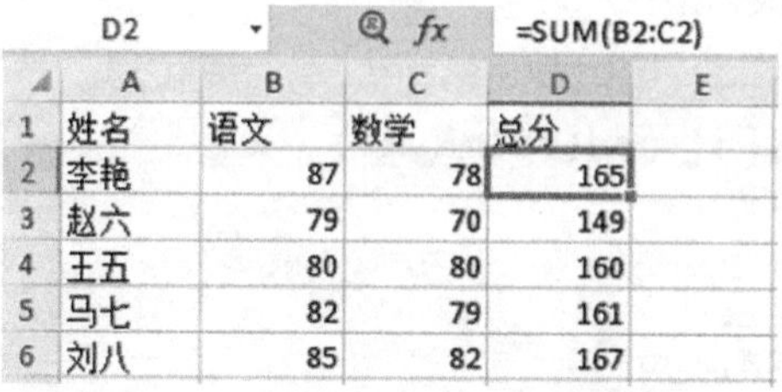
D2 =SUM(B2:C2)

	A	B	C	D	E
1	姓名	语文	数学	总分	
2	李艳	87	78	165	
3	赵六	79	70	149	
4	王五	80	80	160	
5	马七	82	79	161	
6	刘八	85	82	167	

图 9-2 data.xlsx 文件内容

例 9-11 已知有一个文件 data.xlsx，要求在第一个工作表中第 3 列之前插入一列，并保存为 data_new.xlsx 文件。代码如下：

```
from openpyxl import load_workbook

ws = load_workbook('data.xlsx').worksheets[0]
# 在第 3 列之前插入一列
ws.insert_cols(3)
# 填入数据
for index, row in enumerate(ws.rows):
    if index == 0:
        row[2].value = '新字段'
    else:
        row[2].value = index

wb.save('data_new.xlsx')
```

例 9-12 已知当前文件夹中有若干扩展名为.xlsx 的 Excel 文件，每个文件中第一列为学院名称，第二列为学生姓名，第三列为考试成绩，如图 9-3 所示。要求把这些文件的内容合并为一个文件，并且把结果文件中第一列按学院名称进行单元格合并，如图 9-4 所示。代码如下：

数学.xlsx J9

	A	B	C	D	E	F
1	学院	姓名	成绩			
2	数学	a	88			
3		b	78			
4		c	87			
5		d	68			
6		e	90			
7		f	67			
8		g	80			
9						

体育.xlsx F12

	A	B	C	D	E	F
1	学院	姓名	成绩			
2	体育	a	80			
3	体育	b	70			
4	体育	c	88			
5	体育	g	79			
6	体育	m	87			
7						

图 9-3 部分测试文件内容

	A	B	C	D	E	F
1	学院	姓名	成绩			
2		a	80			
3		b	70			
4		c	88			
5		g	79			
6	体育	m	87			
7		a	88			
8		b	78			
9		c	87			
10		d	68			
11		e	90			
12		f	67			
13	数学	g	80			
14		张三	80			
15		李四	90			
16		王五	70			
17		赵六	85			
18	计算机	马七	75			

图 9-4　合并后的结果文件部分内容

```
from os import listdir, remove
from os.path import exists
import openpyxl

# 结果文件名，如果已存在，先删除
result = 'result.xlsx'
if exists(result):
    remove(result)

# 创建结果文件，并添加表头
wbResult = openpyxl.Workbook()
wsResult = wbResult.worksheets[0]
wsResult.append(['学院', '姓名', '成绩'])

# 遍历当前文件夹中所有 xlsx 文件，把除表头之外的内容追加到结果文件中
for fn in (fns for fns in listdir() if fns.endswith('.xlsx')):
    wb = openpyxl.load_workbook(fn)
    ws = wb.worksheets[0]
    for index, row in enumerate(ws.rows):
        # 跳过表头
        if index == 0:
            continue
        wsResult.append(list(map(lambda cell:cell.value, row)))

# 结果文件中所有行，前面加一个空串，方便索引
rows = [''] + list(wsResult.rows)
```

```
index1 = 2
rowCount = len(rows)

# 处理结果文件，合并第一列中合适的单元格
while index1 < rowCount:
    value = rows[index1][0].value
    # 如果当前单元格没有内容，或者与前面的内容相同，就合并
    for index2, row2 in enumerate(rows[index1+1:], index1+1):
        if not (row2[0].value == None or row2[0].value==value):
            break
    else:
        # 已到文件尾，合并单元格
        wsResult.merge_cells('A'+str(index1)+':A'+str(index2))
        break
    # 未到文件尾，合并单元格
    wsResult.merge_cells('A'+str(index1)+':A'+str(index2-1))
    index1 = index2

# 保存结果文件
wbResult.save(result)
```

例 9-13　编写程序，把当前文件夹中所有 txt 文件都转换为对应 Excel 文件。每个 txt 文件的第一行是表头信息，并且表头信息和后面每行的数据信息都使用逗号分隔每个字段信息。代码如下：

```
from os import listdir
import openpyxl

# 获取当前文件夹中所有 txt 文件名列表
txts = [fn for fn in listdir() if fn.endswith('.txt')]
# 依次对每个 txt 文件进行转换
for fn in txts:
    # 生成对应的 Excel 文件名
    newFn = fn[:-4] + '.xlsx'
    # 创建空白 Excel 文件
    wb = openpyxl.Workbook()
    ws = wb.worksheets[0]
    # 读取 txt 文件中每一行内容，写入 Excel 文件
    with open(fn, encoding='cp936') as fp:
        for line in fp:
            line = line.strip().split(',')
            # 此处，line 是包含每列信息的列表
```

```
            # append()方法会把每列信息存储到一个单元格中
            ws.append(line)
    # 保存 Excel 文件
    wb.save(newFn)
```

例 9-14　批量设置 Excel 文件页眉、页脚。代码如下：

```
import os
import openpyxl
from openpyxl.worksheet.header_footer import _HeaderFooterPart

xlsxFiles = (fn for fn in os.listdir('.') if fn.endswith('.xlsx'))
for xlsxFile in xlsxFiles:
    wb = openpyxl.load_workbook(xlsxFile)
    for ws in wb.worksheets:
        # 设置首页不同、奇偶页不同
        ws.HeaderFooter.differentFirst = True
        ws.HeaderFooter.differentOddEven = True
        # 设置首页的页眉、页脚
        ws.firstHeader.left = _HeaderFooterPart('第一页左页眉', size=24,
                                                color='FF0000')
        ws.firstFooter.center = _HeaderFooterPart('第一页中页脚', size=24,
                                                color='00FF00')
        # 设置奇数页的页眉、页脚
        ws.oddHeader.right = _HeaderFooterPart('奇数页右页眉')
        ws.oddFooter.center = _HeaderFooterPart('奇数页中页脚')
        # 设置偶数页的页眉、页脚
        ws.evenHeader.left = _HeaderFooterPart('偶数页左页眉')
        ws.evenFooter.center = _HeaderFooterPart('偶数页中页脚')
    wb.save('new_'+xlsxFile)
```

例 9-15　批量修改 Excel 文件格式：表头加粗并设置为黑体，其他行字体为宋体，设置奇偶行颜色不同，并设置偶数行为从红到蓝的渐变背景色填充，如图 9-5 所示。代码如下：

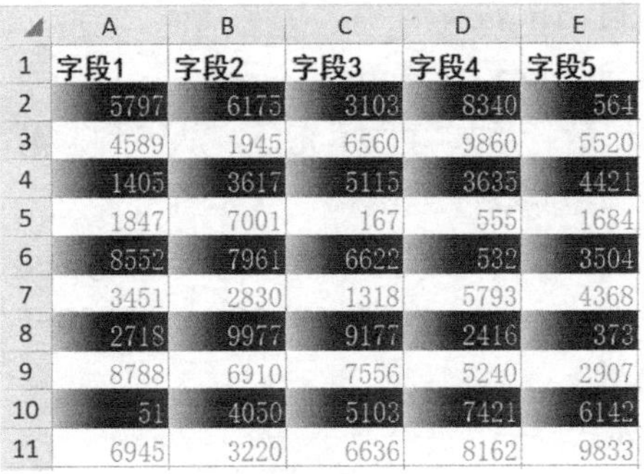

	A	B	C	D	E
1	字段1	字段2	字段3	字段4	字段5
2	5797	6173	3103	8340	564
3	4589	1945	6560	9860	5520
4	1405	3617	5115	3635	4421
5	1847	7001	167	555	1684
6	8552	7961	6622	532	3504
7	3451	2830	1318	5793	4368
8	2718	9977	9177	2416	373
9	8788	6910	7556	5240	2907
10	51	4050	5103	7421	6142
11	6945	3220	6636	8162	9833

图 9-5　代码运行结果

```
from random import sample
import openpyxl
from openpyxl.styles import Font, colors, Fill

def generateXlsx(num):
    for i in range(num):
        wb = openpyxl.Workbook()
        ws = wb.worksheets[0]
        # 添加表头
        ws.append(['字段'+str(_) for _ in range(1,6)])
        # 添加随机数据
        for _ in range(10):
            ws.append(sample(range(10000), 5))
        wb.save(str(i) + '.xlsx')

def batchFormat(num):
    for i in range(num):
        fn = str(i) + '.xlsx'
        wb = openpyxl.load_workbook(fn)
        ws = wb.worksheets[0]
        for irow, row in enumerate(ws.rows, start=1):
            if irow == 1:
                # 表头加粗、黑体
                font = Font('黑体', bold=True)
            elif irow%2 == 0:
                # 偶数行红色，宋体
                font = Font('宋体', color=colors.RED)
            else:
                # 奇数行浅蓝色，宋体
                font = Font('宋体', color='00CCFF')
            for cell in row:
                cell.font = font
                # 偶数行添加背景填充色，从红到蓝渐变
                if irow%2 == 0:
                    cell.fill = openpyxl.styles.fills.GradientFill(
                        stop=['FF0000', '0000FF'])
        # 另存为新文件
        wb.save('new'+fn)
```

```
generateXlsx(5)
batchFormat(5)
```

例 9-16　假设某学校所有课程每学期允许多次考试，学生可随时参加考试，系统自动将每次成绩添加到 Excel 文件（包含 3 列：姓名，课程，成绩）中，现期末要求统计所有学生每门课程的最高成绩。代码如下：

```
from random import choice, randint
from openpyxl import Workbook, load_workbook

# 生成随机数据
def generateRandomInformation(filename):
    workbook = Workbook()
    worksheet = workbook.worksheets[0]
    worksheet.append(['姓名','课程','成绩'])

    # 中文名字中的第一、第二、第三个字
    first = '董赵钱孙李'
    middle = '伟昀玉晴琛东'
    last = '坤玲艳志燕'
    subjects = ('语文','数学','英语')
    # 生成 200 个测试数据
    for i in range(200):
        name = choice(first)
        # 按一定概率生成只有两个字的中文名字
        if randint(1,100) > 50:
            name = name + choice(middle)
        name = name + choice(last)
        # 依次生成姓名、课程名称和成绩
        worksheet.append([name, choice(subjects), randint(0,100)])
    # 保存数据，生成 Excel 2007 格式的文件
    workbook.save(filename)

def getResult(oldfile, newfile):
    # 用于存放结果数据的字典
    result = dict()
    # 打开原始数据
    worksheet = load_workbook(oldfile).worksheets[0]
    # 遍历原始数据
    for row in worksheet.rows:
        # 跳过第一行的表头信息
```

```
        if row[0].value == '姓名':
            continue
        # 姓名,课程名称,本次成绩
        name, subject, grade = map(lambda cell:cell.value, row)
        # 获取当前姓名对应的课程名称和成绩信息
        # 如果 result 字典中不包含，则返回空字典
        t = result.get(name, {})
        # 获取当前学生当前课程的成绩，若不存在，返回 0
        f = t.get(subject, 0)
        # 修改该学生该课程的最高成绩
        t[subject] = max(grade, f)
        result[name] = t

    workbook1 = Workbook()
    worksheet1 = workbook1.worksheets[0]
    worksheet1.append(['姓名','课程','成绩'])
    # 将 result 字典中的结果数据写入 Excel 文件
    for name, t in result.items():
        for subject, grade in t.items():
            worksheet1.append([name, subject, grade])
    workbook1.save(newfile)

oldfile = r'd:\test.xlsx'
newfile = r'd:\result.xlsx'
generateRandomInformation(oldfile)
getResult(oldfile, newfile)
```

例 9-17　使用 Python 扩展库 python-docx 查找 Word 文档中所有同时具有红色和加粗这两种样式的文字。docx 文件的结构分为三层：①Document 对象表示整个文档；②Document 包含了 Paragraph 对象的列表，每个 Paragraph 对象用来表示文档中的一个段落；③一个 Paragraph 对象是包含若干 Run 对象的列表，一个 Run 对象就是 style 相同的一段连续文本。Python 扩展库 python-docx 提供了对 docx 格式的高版本 Word 文件的操作，需要首先使用命令 pip install python-docx 进行安装。代码如下：

```
from docx import Document
from docx.shared import RGBColor

# 打开 Word 文件，遍历所有段落
doc = Document('test.docx')
for p in doc.paragraphs:
    for r in p.runs:
```

```
        # 加粗，并且颜色为红色
        if r.bold and r.font.color.rgb == RGBColor(255,0,0):
            print(r.text)
```

例 9-18　使用 Python 扩展库 python-docx 读取并输出 docx 文档中表格里的文本。代码如下：

```
from docx import Document

# 打开 Word 文档，遍历所有表格
doc = Document('test.docx')
for table in doc.tables:
    # 遍历当前表格中所有行
    for row in table.rows:
        # 获取并输出当前行每个单元格的文本
        print(list(map(lambda cell:cell.text, row.cells)))
```

例 9-19　使用 Python 扩展库 python-docx 提取并保存 docx 文档中的所有嵌入式图片。代码如下：

```
from docx import Document

doc = Document('test.docx')
for shape in doc.inline_shapes:
    if shape.type != 3:
        continue
    imgID = shape._inline.graphic.graphicData.pic.blipFill.blip.embed
    imgData = doc.part.related_parts[imgID]._blob
    with open(str(imgID)+'.png', 'wb') as fp:
        fp.write(imgData)
```

上面这段代码需要对 docx 文档结构很熟悉才能看懂，如果实在看不懂也没关系，可以把 docx 文件改名为 zip 文件，然后解压缩，在子文件夹 word\media 中可以得到文档中的所有图片文件。另外，也可以使用扩展库 docx2python 提取 docx 文件中所有图片，请自行查阅资料。

例 9-20　检查 word 文档的连续重复字，如“用户的的资料”或“需要需要用户输入”之类的情况。编写程序，输出指定的 Word 文档中所有类似的重复字和重复词，然后再人工确认是否为错误。代码如下：

```
from docx import Document

# 打开指定的 Word 文件
doc = Document('《Python 程序设计开发宝典》.docx')
# 读取所有段的文本，连接为长字符串
contents = ''.join((p.text for p in doc.paragraphs))
# 用来存放可疑的文本
```

```
words = []
for index, ch in enumerate(contents[:-2]):
    # 如果当前位置的字符和下一个相同，或者与下下个字符相同，认为可疑
    if ch==contents[index+1] or ch==contents[index+2]:
        word = contents[index:index+3]
        if word not in words:
            words.append(word)
            print(word)
```

例 9-21　已知文件“超市营业额.xlsx”中记录了某超市 2019 年 3 月 1 日至 5 日各员工在不同时段、不同柜台的销售额，部分数据如图 9-6 所示，要求编写程序，读取该文件中的数据，并统计每个员工的销售总额、每个时段的销售总额、每个柜台的销售总额。

	A	B	C	D	E	F
1	工号	姓名	日期	时段	交易额	柜台
2	1001	张三	20190301	9：00-14：00	2000	化妆品
3	1002	李四	20190301	14：00-21：00	1800	化妆品
4	1003	王五	20190301	9：00-14：00	800	食品
5	1004	赵六	20190301	14：00-21：00	1100	食品
6	1005	周七	20190301	9：00-14：00	600	日用品
7	1006	钱八	20190301	14：00-21：00	700	日用品
8	1006	钱八	20190301	9：00-14：00	850	蔬菜水果
9	1001	张三	20190301	14：00-21：00	600	蔬菜水果
10	1001	张三	20190302	9：00-14：00	1300	化妆品
11	1002	李四	20190302	14：00-21：00	1500	化妆品
12	1003	王五	20190302	9：00-14：00	1000	食品
13	1004	赵六	20190302	14：00-21：00	1050	食品
14	1005	周七	20190302	9：00-14：00	580	日用品
15	1006	钱八	20190302	14：00-21：00	720	日用品
16	1002	李四	20190302	9：00-14：00	680	蔬菜水果
17	1003	王五	20190302	14：00-21：00	830	蔬菜水果

图 9-6　超市部分销售数据

代码如下：

```
from openpyxl import load_workbook

# 3 个字典分别存储按员工、按时段、按柜台的销售总额
persons = dict()
periods = dict()
goods = dict()
ws = load_workbook('超市营业额.xlsx').worksheets[0]
for index, row in enumerate(ws.rows):
    # 跳过第一行的表头
    if index==0:
        continue
    # 获取每行的相关信息
```

```
        _, name, _, time, num, good = map(lambda cell: cell.value, row)
        # 根据每行的值更新 3 个字典
        persons[name] = persons.get(name, 0)+num
        periods[time] = periods.get(time, 0)+num
        goods[good] = goods.get(good, 0)+num

    print(persons)
    print(periods)
    print(goods)
```

例 9-22　在 Excel 文件中存放了一些表示个人爱好的演示数据，内容格式如图 9-7 所示，要求编写程序读取其中的内容，然后在最后插入一列，按行汇总每个人的爱好，如图 9-7 的方框所示。

	A	B	C	D	E	F	G	H	I	J	K
1	姓名	抽烟	喝酒	写代码	打扑克	打麻将	吃零食	喝茶	所有爱好		
2	张三	是		是				是	抽烟，写代码，喝茶		
3	李四	是	是		是				抽烟，喝酒，打扑克		
4	王五		是	是		是	是		喝酒，写代码，打麻将，吃零食		
5	赵六	是			是			是	抽烟，打扑克，喝茶		
6	周七		是	是		是			喝酒，写代码，打麻将		
7	吴八	是					是		抽烟，吃零食		
8											
9											
10											

图 9-7　个人爱好

代码如下：

```
from openpyxl import load_workbook

wb = load_workbook('每个人的爱好.xlsx')
ws = wb.worksheets[0]
for index, row in enumerate(ws.rows):
    if index == 0:
        titles = tuple(map(lambda cell: cell.value, row))[1:]
        lastCol = len(titles) + 2
        ws.cell(row=index+1, column=lastCol, value='所有爱好')
    else:
        values  = tuple(map(lambda cell: cell.value, row))[1:]
        result = ','.join((titles[i] for i, v in enumerate(values)
                                          if v=='是'))
        ws.cell(row=index+1, column=lastCol, value=result)

wb.save('每个人的爱好汇总.xlsx')
```

本章知识要点

（1）文件是长久保存信息并允许重复使用和反复修改的重要方式，同时也是信息交换的重要途径。

（2）文本文件可以使用记事本、gedit、ultraedit 等普通字处理软件直接进行显示和编辑，并且人们能够直接阅读和理解。

（3）二进制文件无法用记事本或其他普通字处理软件正常进行编辑，人们也无法直接阅读和理解，需要使用正确的软件进行解码或反序列化之后才能正确地读取、显示、修改或执行。

（4）操作文件内容一般需要三步：首先打开文件并创建文件对象，然后通过该文件对象对文件内容进行读取、写入、删除、修改等操作，最后关闭并保存文件内容。

（5）关键字 with 可以自动管理资源，不论因为什么原因跳出 with 块，总能保证文件被正确关闭。

（6）JSON（JavaScript Object Notation）是一个轻量级的数据交换格式，Python 标准库 json 完美实现了对该格式的支持，使用 dumps()函数把对象序列化为字符串，使用 loads()函数把 JSON 格式字符串还原为 Python 对象，使用 dump()函数把数据序列化并直接写入文件，使用 load()函数读取 JSON 格式文件并直接还原为 Python 对象。

（7）CSV 文件使用纯文本存储数据，是一种常见的数据存储格式，常用于在不同软件程序之间交换表格数据。Python 标准库 csv 支持对该格式文件的操作。

（8）标准库 os、os.path、shutil 提供了大量用于文件和文件夹操作的函数。

（9）扩展库 python-docx 提供了对 docx 文档的操作。

（10）扩展库 openpyxl 提供了对 xlsx 文档的操作。

习题

1.（判断题）二进制文件不能使用记事本打开。（　　）

2.（判断题）Python 源程序文件是文本文件。（　　）

3.（判断题）文件对象的 readline()方法只适用于文本文件，用于二进制模式打开的文件时会出错。（　　）

4.（填空题）Python 用于读写 CSV 文件的标准库是__________。

5.（填空题）Python 标准库 os.path 中用于判断一个路径是否存在的函数是__________。

6.（判断题）openpyxl 是 Python 用于操作 Excel 文件的扩展库。（　　）

7.（判断题）python-docx 是 Python 用于操作 Word 文件的扩展库。（　　）

8.（填空题）标准库 shutil 中的函数__________可以用来创建 tar 或 zip 格式的压缩文件。

9.（填空题）Python 内置函数 open()的参数__________用来指定打开文本文件时所使用的编码格式。

10.（填空题）使用扩展库 openpyxl 打开 xlsx 格式文件时，把参数__________设置为 True 可以读取单元格中公式计算的结果。

第 10 章　NumPy 数组运算与矩阵运算

本章学习目标

- 熟悉 NumPy 数组生成与元素访问、修改、删除等操作
- 熟悉 NumPy 数组与标量之间以及数组与数组之间的算术运算
- 熟练掌握 NumPy 数组对函数运算的支持
- 理解 NumPy 数组形状的含义
- 熟练掌握 NumPy 数组布尔运算和分段函数的运用
- 了解 NumPy 矩阵生成、转置、乘法运算等常用操作
- 熟练掌握计算特征值与特征向量相关的函数
- 熟练掌握计算逆矩阵和行列式相关的函数
- 了解矩阵 QR 分解、奇异值分解、线性方程组求解等运算相关的函数

Python 扩展库 NumPy 支持 N 维数组运算、处理大型矩阵、成熟的广播函数库、矢量运算、线性代数、傅里叶变换、随机数生成，并可与 C++/Fortran 语言无缝结合。

10.1　数组生成与常用操作

在处理实际数据时，经常需要用到大量的数组运算或矩阵运算，这些数据有些是通过文件直接读取的，有些则需要根据实际情况进行生成，本书重点介绍第二种情况的用法。

（1）生成数组，例如：

```
>>> np.array([1, 2, 3, 4, 5])              # 把列表转换为数组
array([1, 2, 3, 4, 5])
>>> np.array((1, 2, 3, 4, 5))              # 把元组转换成数组
array([1, 2, 3, 4, 5])
>>> np.array(range(5))                     # 把 range 对象转换成数组
array([0, 1, 2, 3, 4])
>>> np.array([[1, 2, 3], [4, 5, 6]])       # 二维数组
array([[1, 2, 3],
       [4, 5, 6]])
>>> np.arange(8)                           # 类似于内置函数 range()
array([0, 1, 2, 3, 4, 5, 6, 7])
>>> np.arange(1, 10, 2)
array([1, 3, 5, 7, 9])
```

```
>>> np.linspace(0, 10, 11)          # 等差数组，包含 11 个数
array([  0.,   1.,   2.,   3.,   4.,   5.,   6.,   7.,   8.,   9.,  10.])
>>> np.linspace(0, 10, 11, endpoint=False) # 不包含终点
array([ 0.        , 0.90909091, 1.81818182, 2.72727273, 3.63636364,
        4.54545455, 5.45454545, 6.36363636, 7.27272727, 8.18181818,
        9.09090909])
>>> np.logspace(0, 100, 10)          # 相当于 10**np.linspace(0,100,10)
array([1.00000000e+000,   1.29154967e+011,   1.66810054e+022,
       2.15443469e+033,   2.78255940e+044,   3.59381366e+055,
       4.64158883e+066,   5.99484250e+077,   7.74263683e+088,
       1.00000000e+100])
>>> np.logspace(1,6,5, base=2)         # 相当于 2 ** np.linspace(1,6,5)
array([  2.,  4.75682846,  11.3137085 ,  26.90868529,  64. ])
>>> np.zeros(3)                          # 全 0 一维数组
array([ 0.,  0.,  0.])
>>> np.ones(3)                           # 全 1 一维数组
array([ 1.,  1.,  1.])
>>> np.zeros((3,3))                      # 全 0 二维数组，3 行 3 列
array([[ 0.,  0.,  0.],
       [ 0.,  0.,  0.],
       [ 0.,  0.,  0.]])
>>> np.zeros((3,1))                      # 全 0 二维数组，3 行 1 列
array([[ 0.],
       [ 0.],
       [ 0.]])
>>> np.zeros((1,3))                      # 全 0 二维数组，1 行 3 列
array([[ 0.,  0.,  0.]])
>>> np.ones((3,3))                       # 全 1 二维数组
array([[ 1.,  1.,  1.],
       [ 1.,  1.,  1.],
       [ 1.,  1.,  1.]])
>>> np.ones((1,3))                       # 全 1 二维数组
array([[ 1.,  1.,  1.]])
>>> np.identity(3)                       # 单位矩阵
array([[ 1.,  0.,  0.],
       [ 0.,  1.,  0.],
       [ 0.,  0.,  1.]])
>>> np.identity(2)
array([[ 1.,  0.],
```

```
       [ 0.,  1.]])
>>> np.empty((3,3))                        # 空数组
array([[ 0.,  0.,  0.],
       [ 0.,  0.,  0.],
       [ 0.,  0.,  0.]])
>>> np.random.randint(0, 50, 5)        # 随机数组，5 个 0～50 之间的数字
array([13, 47, 31, 26,  9])
>>> np.random.randint(0, 50, (3,5))  # 3 行 5 列介于 0～50 的随机数
array([[34,  2, 33, 14, 40],
       [ 9,  5, 10, 27, 11],
       [26, 17, 10, 46, 30]])
>>> np.random.rand(10)                     # 10 个介于[0,1)的随机数
array([0.98139326,0.35675498, 0.30580776, 0.30379627, 0.19527425,
       0.59159936,0.31132305,0.20219211, 0.20073821, 0.02435331])
>>> np.random.standard_normal(5)      # 从标准正态分布中随机采样 5 个数字
array([2.82669067,0.9773194,-0.72595951,-0.11343254,0.74813065])
>>> x = np.random.standard_normal(size=(3, 4, 2))
>>> x
array([[[ 0.5218421 , -1.10892934],
        [ 2.27295689,  0.9598461 ],
        [-0.92229318,  2.25708573],
        [ 0.0070173 , -0.30608704]],

       [[ 1.05133704, -0.4094823 ],
        [-0.03457527, -2.3034343 ],
        [-0.45156185, -1.26174441],
        [ 0.59367951, -0.78355627]],

       [[ 0.0424474 , -1.75202307],
        [-0.43457619, -0.96445206],
        [ 0.28342028,  1.27303125],
        [-0.15312326,  2.0399687 ]]])
>>> np.diag([1,2,3])                       # 对角矩阵
array([[1, 0, 0],
       [0, 2, 0],
       [0, 0, 3]])
>>> np.diag([1,2,3,4])                     # 对角矩阵
array([[1, 0, 0, 0],
       [0, 2, 0, 0],
```

```
        [0, 0, 3, 0],
        [0, 0, 0, 4]])
```

（2）测试两个数组的对应元素是否都足够接近，例如：

```
>>> x = np.array([1, 2, 3, 4.001, 5])
>>> y = np.array([1, 1.999, 3, 4.01, 5.1])
>>> np.allclose(x, y)
False
>>> np.allclose(x, y, rtol=0.2)      # 设置相对误差参数
True
>>> np.allclose(x, y, atol=0.2)      # 设置绝对误差参数
True
```

（3）修改数组中的元素值，例如：

```
>>> x = np.arange(8)
>>> x
array([0, 1, 2, 3, 4, 5, 6, 7])
>>> np.append(x, 8)                    # 返回新数组，在尾部增加一个元素
array([0, 1, 2, 3, 4, 5, 6, 7, 8])
>>> np.append(x, [9,10])               # 返回新数组，在尾部追加多个元素
array([0, 1, 2, 3, 4, 5, 6, 7, 9, 10])
>>> x                                  # 不影响原来的数组
array([0, 1, 2, 3, 4, 5, 6, 7])
>>> x[3] = 8                           # 原地修改元素值
>>> x
array([0, 1, 2, 8, 4, 5, 6, 7])
>>> np.insert(x, 1, 8)                 # 返回新数组，插入元素
array([0, 8, 1, 2, 8, 4, 5, 6, 7])
>>> x = np.array([[1,2,3], [4,5,6], [7,8,9]])
>>> x[0, 2] = 4                        # 修改第 0 行第 2 列的元素值
>>> x[1:, 1:] = 1                      # 切片，同时修改多个值
>>> x
array([[1, 2, 4],
       [4, 1, 1],
       [7, 1, 1]])
>>> x[1:, 1:] = [1, 2]                 # 同时修改多个元素值
>>> x
array([[1, 2, 4],
       [4, 1, 2],
       [7, 1, 2]])
>>> x[1:, 1:] = [[1,2], [3,4]]         # 同时修改多个元素值
```

```
>>> x
array([[1, 2, 4],
       [4, 1, 2],
       [7, 3, 4]])
```

（4）数组与标量的运算，例如：

```
>>> x = np.array((1, 2, 3, 4, 5))     # 创建数组对象
>>> x
array([1, 2, 3, 4, 5])
>>> x * 2                             # 数组与数值相乘，返回新数组
array([ 2, 4, 6, 8, 10])
>>> x / 2                             # 数组与数值相除，每个元素与标量相除
array([ 0.5, 1. , 1.5, 2. , 2.5])
>>> x // 2                            # 数组与数值整除
array([0, 1, 1, 2, 2], dtype=int32)
>>> x ** 3                            # 幂运算
array([1, 8, 27, 64, 125], dtype=int32)
>>> x + 2                             # 数组与数值相加
array([3, 4, 5, 6, 7])
>>> x % 3                             # 余数
array([1, 2, 0, 1, 2], dtype=int32)
>>> 2 ** x                          # 分别计算2**1、2**2、2**3、2**4、2**5
array([2, 4, 8, 16, 32], dtype=int32)
>>> 2 / x
array([2. ,1. ,0.66666667, 0.5, 0.4])
>>> 63 // x
array([63, 31, 21, 15, 12], dtype=int32)
```

（5）数组与数组的四则运算，例如：

```
>>> np.array([1, 2, 3, 4]) + np.array([4])
                                    # 数组中每个元素加4，请自行查阅广播的规则
array([5, 6, 7, 8])
>>> a = np.array((1, 2, 3))
>>> a + a                           # 等长数组之间的加法运算，对应元素相加
array([2, 4, 6])
>>> a * a                           # 等长数组之间的乘法运算，对应元素相乘
array([1, 4, 9])
>>> a - a                           # 等长数组之间的减法运算，对应元素相减
array([0, 0, 0])
```

```
>>> a / a                               # 等长数组之间的除法运算，对应元素相除
array([ 1.,  1.,  1.])
>>> b = np.array(([1, 2, 3], [4, 5, 6], [7, 8, 9]))
>>> c = a * b                           # 不同维度的数组与数组相乘
>>> c                                   # a 中的每个元素乘以 b 中的对应列元素
array([[ 1, 4, 9],
       [ 4, 10, 18],
       [ 7, 16, 27]])
>>> c / b                               # 数组之间的除法运算
array([[ 1.,  2.,  3.],
       [ 1.,  2.,  3.],
       [ 1.,  2.,  3.]])
>>> c / a
array([[ 1.,  2.,  3.],
       [ 4.,  5.,  6.],
       [ 7.,  8.,  9.]])
>>> a + b                               # a 中每个元素加 b 中的每一列元素
array([[ 2,  4,  6],
       [ 5,  7,  9],
       [ 8, 10, 12]])
```

（6）数组排序，例如：

```
>>> x = np.array([3, 1, 2])
>>> np.argsort(x)                       # 返回排序后元素的原下标
array([1, 2, 0], dtype=int64)
>>> x[_]                                # 使用数组做下标，获取排序后的元素
array([1, 2, 3])
>>> x = np.array([3, 1, 2, 4])
>>> x.argmax(), x.argmin()              # 最大值和最小值的下标
(3, 1)
>>> np.argsort(x)
array([1, 2, 0, 3], dtype=int64)
>>> x[_]
array([1, 2, 3, 4])
>>> x.sort()                            # 原地排序
>>> x
array([1, 2, 3, 4])
```

（7）数组的内积运算，例如：

```
>>> a = np.array((5, 6, 7))
>>> b = np.array((6, 6, 6))
```

```
>>> a.dot(b)                 # 向量内积，等价于np.dot(a,b)和sum(a*b)
108
```

（8）数组元素访问，例如：

```
>>> b = np.array(([1,2,3],[4,5,6],[7,8,9]))
>>> b
array([[1, 2, 3],
       [4, 5, 6],
       [7, 8, 9]])
>>> b[0]                     # 第0行
array([1, 2, 3])
>>> b[0][0]                  # 第0行第0列的元素值
1
>>> b[0,2]                   # 第0行第2列的元素值
3
>>> b[[0,1]]                 # 第0行和第1行
array([[1, 2, 3],
       [4, 5, 6]])
>>> b[[0,1], [1,2]]          # 第0行第1列的元素和第1行第2列的元素
                             # 第一个列表表示行下标，第二个列表表示列下标
array([2, 6])
```

（9）数组对函数运算的支持，例如：

```
>>> x = np.arange(0, 100, 10, dtype=np.floating)
>>> np.sin(x)                # 一维数组中所有元素求正弦值
array([0.        , -0.54402111, 0.91294525, -0.98803162, 0.74511316,
      -0.26237485, -0.30481062, 0.77389068, -0.99388865, 0.89399666])
>>> b = np.array(([1, 2, 3], [4, 5, 6], [7, 8, 9]))
>>> np.cos(b)                # 二维数组中所有元素求余弦值
array([[ 0.54030231, -0.41614684, -0.9899925 ],
       [-0.65364362,  0.28366219,  0.96017029],
       [ 0.75390225, -0.14550003, -0.91113026]])
>>> np.round(_)              # 四舍五入
array([[ 1., -0., -1.],
       [-1.,  0.,  1.],
       [ 1., -0., -1.]])
```

（10）改变数组形状，例如：

```
>>> a = np.arange(1, 11, 1)
>>> a
array([1, 2, 3, 4, 5, 6, 7, 8, 9, 10])
>>> a.shape = 2, 5                          # 改为 2 行 5 列，原地修改
>>> a
array([[ 1,  2,  3,  4,  5],
       [ 6,  7,  8,  9, 10]])
>>> a.shape = 5, -1                         # -1 表示自动计算，原地修改
>>> a
array([[ 1,  2],
       [ 3,  4],
       [ 5,  6],
       [ 7,  8],
       [ 9, 10]])
>>> b = a.reshape(2,5)                      # reshape()方法返回新数组
>>> b
array([[ 1,  2,  3,  4,  5],
       [ 6,  7,  8,  9, 10]])
>>> x = np.array(range(5))
>>> x.reshape((1,  10))                     # reshape()不能修改数组元素个数
ValueError: total size of new array must be unchanged
>>> x.resize((1,10))                        # resize()可以原地改变数组元素个数
>>> x
array([[0, 1, 2, 3, 4, 0, 0, 0, 0, 0]])
```

（11）数组切片操作，例如：

```
>>> a = np.arange(10)
>>> a
array([0, 1, 2, 3, 4, 5, 6, 7, 8, 9])
>>> a[::-1]                                 # 反向切片
array([9, 8, 7, 6, 5, 4, 3, 2, 1, 0])
>>> a[::2]                                  # 隔一个取一个元素
array([0, 2, 4, 6, 8])
>>> a[:5]                                   # 前 5 个元素
array([0, 1, 2, 3, 4])
>>> c = np.arange(25)                       # 创建数组
>>> c.shape = 5, 5                          # 修改数组形状
>>> c
array([[ 0,  1,  2,  3,  4],
       [ 5,  6,  7,  8,  9],
```

```
        [10, 11, 12, 13, 14],
        [15, 16, 17, 18, 19],
        [20, 21, 22, 23, 24]])
>>> c[0, 2:5]                  # 第 0 行中下标[2,5)之间的元素值
array([2, 3, 4])
>>> c[1]                       # 第 1 行所有元素
array([5, 6, 7, 8, 9])
>>> c[2:5, 2:5]                # 行下标和列下标都介于[2,5)之间的元素值
array([[12, 13, 14],
        [17, 18, 19],
        [22, 23, 24]])
>>> c[[1,3], [2,4]]            # 第 1 行第 2 列的元素和第 3 行第 4 列的元素
array([ 7, 19])
>>> c[[1,3], 2:4]              # 第 1 行和第 3 行的第 2、3 列
array([[ 7,  8],
        [17, 18]])
>>> c[[1,3]]                   # 第 1 行和第 3 行所有元素
array([[ 5,  6,  7,  8,  9],
        [15, 16, 17, 18, 19]])
>>> c[[1,3]][:, [2,4]]         # 第 1、3 行的 2、4 列元素
array([[ 7,  9],
        [17, 19]])
```

（12）数组布尔运算，例如：

```
>>> x = np.random.rand(10)     # 包含 10 个随机数的数组
>>> x
array([0.56707504, 0.07527513, 0.0149213,  0.49157657, 0.75404095,
        0.40330683, 0.90158037, 0.36465894, 0.37620859, 0.62250594])
>>> x > 0.5                    # 比较数组中每个元素值是否大于 0.5
array([ True, False, False, False,  True, False,  True, False, False,
True], dtype=bool)
>>> x[x>0.5]                   # 获取数组中大于 0.5 的元素
array([ 0.56707504,  0.75404095,  0.90158037,  0.62250594])
>>> x < 0.5
array([False, True, True, True, False, True, False, True, True, False],
dtype=bool)
>>> np.all(x<1)                # 测试是否全部元素都小于 1
True
```

```
>>> np.any([1,2,3,4])          # 是否存在等价于 True 的元素
True
>>> np.any([0])
False
>>> a = np.array([1, 2, 3])
>>> b = np.array([3, 2, 1])
>>> a > b                      # 两个数组中对应位置上的元素比较
array([False, False,  True], dtype=bool)
>>> a[a>b]                     # 数组 a 中大于 b 数组对应位置上元素的值
array([3])
>>> a == b
array([False,  True, False], dtype=bool)
>>> a[a==b]
array([2])
>>> x = np.arange(1, 10)
>>> x[(x%2==0)&(x>5)]          # 布尔与运算
array([6, 8])
>>> x[(x%2==0)|(x>5)]          # 布尔或运算
array([2, 4, 6, 7, 8, 9])
>>> data = np.array([[1,2,3], [2,3,3], [3,4,5], [1,2,3], [4,5,6],
                     [1,2,3]])
>>> data==[1,2,3]
array([[ True,  True,  True],
       [False, False,  True],
       [False, False, False],
       [ True,  True,  True],
       [False, False, False],
       [ True,  True,  True]])
>>> index = list(map(lambda row:all(row==[1,2,3]), data))
>>> data[index]                # 获取所有[1,2,3]的行
array([[1, 2, 3],
       [1, 2, 3],
       [1, 2, 3]])
```

（13）分段函数，例如：

```
>>> x = np.random.randint(0, 10, size=(1,10))
>>> x
array([[0, 4, 3, 3, 8, 4, 7, 3, 1, 7]])
>>> np.where(x<5, 0, 1)        # 小于 5 的元素值对应 0，其他对应 1
array([[0, 0, 0, 0, 1, 0, 1, 0, 0, 1]])
```

```
>>> np.piecewise(x, [x<4, x>7], [lambda x:x*2, lambda x:x*3])
                                # 小于 4 的元素乘以 2，大于 7 的元素乘以 3
                                # 其他元素变为 0
array([[ 0,  0,  6,  6, 24,  0,  0,  6,  2,  0]])
```

（14）计算唯一值与出现次数，例如：

```
>>> x = np.random.randint(0, 10, 7)
>>> x
array([8, 7, 7, 5, 3, 8, 0])
>>> np.bincount(x)              # 元素出现次数，0 出现 1 次
                                # 1、2 没出现，3 出现 1 次，以此类推
array([1, 0, 0, 1, 0, 1, 0, 2, 2], dtype=int64)
>>> np.sum(_)                   # 所有元素出现次数之和等于数组长度
7
>>> len(x)
7
>>> np.unique(x)                # 返回唯一元素值
array([0, 3, 5, 7, 8])
```

10.2 矩阵生成与常用操作

（1）生成矩阵，例如：

```
>>> a_list = [3, 5, 7]
>>> a_mat = np.matrix(a_list)                       # 创建矩阵
>>> a_mat
matrix([[3, 5, 7]])
>>> c_mat = np.matrix([[1, 5, 3], [2, 9, 6]])      # 创建矩阵
>>> c_mat
matrix([[1, 5, 3],
        [2, 9, 6]])
```

（2）矩阵转置，例如：

```
>>> a_mat.T                                         # 矩阵转置
matrix([[3],
        [5],
        [7]])
>>> a_mat.shape                                     # 矩阵形状
(1, 3)
>>> a_mat.size                                      # 元素个数
3
```

（3）计算矩阵特征，例如：

```
>>> a_mat.mean()                           # 元素平均值
5.0
>>> a_mat.sum()                            # 所有元素之和
15
>>> a_mat.max()                            # 最大值
7
>>> a_mat.max(axis=1)                      # 横向最大值
matrix([[7]])
>>> a_mat.max(axis=0)                      # 纵向最大值
matrix([[3, 5, 7]])
```

（4）矩阵相乘，例如：

```
>>> b_mat = np.matrix((1, 2, 3))           # 创建矩阵
>>> b_mat
matrix([[1, 2, 3]])
>>> a_mat * b_mat.T                        # 矩阵相乘
matrix([[34]])
```

（5）矩阵元素排序，例如：

```
>>> c_mat.argsort(axis=0)                  # 纵向排序后的元素序号
matrix([[0, 0, 0],
        [1, 1, 1]], dtype=int64)
>>> c_mat.argsort(axis=1)                  # 横向排序后的元素序号
matrix([[0, 2, 1],
        [0, 2, 1]], dtype=int64)
```

（6）计算相关系数矩阵（对称矩阵，对角线上元素表示自相关系数），例如：

```
>>> np.corrcoef([1,2,3,4], [4,3,2,1])     # 负相关，变化方向相反
array([[ 1., -1.],
       [-1.,  1.]])
>>> np.corrcoef([1,2,3,4], [1,2,3,4])     # 正相关，变化方向一致
array([[ 1.,  1.],
       [ 1.,  1.]])
>>> np.corrcoef([1,2,3,4], [1,2,3,40])    # 正相关，变化趋势接近
array([[ 1.        ,  0.8010362],
       [ 0.8010362,  1.        ]])
```

（7）计算方差、协方差，例如：

```
>>> np.cov([1,1,1,1,1])                    # 协方差
array(0.0)
>>> x = [-2.1, -1,  4.3]
>>> y = [3,  1.1,  0.12]
```

```
>>> X = np.vstack((x,y))
>>> print(np.cov(X))                              # 协方差
[[ 11.71        -4.286      ]
 [ -4.286        2.14413333]]
>>> print(np.cov(x, y))
[[ 11.71        -4.286      ]
 [ -4.286        2.14413333]]
>>> print(np.cov(x))
11.709999999999999
```

（8）计算特征值与特征向量。扩展库 NumPy 的线性代数子模块 linalg 中提供了用来计算特征值与特征向量的函数 eig()，参数可以是 Python 列表、NumPy 数组或矩阵。例如：

```
>>> import numpy as np
>>> e, v = np.linalg.eig([[1,1],[2,2]])           # 特征值与特征向量
>>> e
array([ 0.,  3.])
>>> v
array([[-0.70710678, -0.4472136 ],
       [ 0.70710678, -0.89442719]])
>>> array = np.arange(1, 10).reshape(3,3)
>>> e, v = np.linalg.eig(array)
>>> e
array([  1.61168440e+01,  -1.11684397e+00,  -9.75918483e-16])
>>> v
array([[-0.23197069, -0.78583024,  0.40824829],
       [-0.52532209, -0.08675134, -0.81649658],
       [-0.8186735 ,  0.61232756,  0.40824829]])
```

（9）计算逆矩阵。扩展库 NumPy 的线性代数子模块 linalg 中提供了用来计算逆矩阵的函数 inv()，要求参数为可逆矩阵，形式可以是 Python 列表、NumPy 数组或矩阵。例如：

```
>>> import numpy as np
>>> x = np.matrix([[1,2], [3,4]])
>>> y = np.linalg.inv(x)                          # 计算逆矩阵
>>> x * y                                         # 验证
matrix([[  1.00000000e+00,   1.11022302e-16],
        [  0.00000000e+00,   1.00000000e+00]])
>>> y * x
matrix([[  1.00000000e+00,   4.44089210e-16],
        [  0.00000000e+00,   1.00000000e+00]])
```

（10）矩阵 QR 分解。扩展库 NumPy 的线性代数子模块 linalg 中提供了用来计算矩阵 QR 分解的函数 qr()，参数可以是 Python 列表、NumPy 数组或矩阵。例如：

```
>>> import numpy as np
>>> a = np.matrix([[1,2,3], [4,5,6]])
>>> q, r = np.linalg.qr(a)
>>> np.dot(q,r)                                 # 验证
matrix([[ 1.,  2.,  3.],
        [ 4.,  5.,  6.]])
```

（11）计算行列式。扩展库 NumPy 的线性代数子模块 linalg 中提供了用来计算矩阵行列式的函数 det()，参数可以是 Python 列表、NumPy 数组或矩阵。例如：

```
>>> import numpy as np
>>> a = [[1,2], [3,4]]
>>> np.linalg.det(a)
-2.0000000000000004
>>> a = np.array([[[1, 2], [3, 4]], [[1, 2], [2, 1]], [[1, 3], [3, 1]]])
>>> np.linalg.det(a)
array([-2., -3., -8.])
```

（12）矩阵奇异值分解。扩展库 NumPy 的线性代数子模块 linalg 中提供了用来计算矩阵奇异值分解的函数 svd()，参数可以是 Python 列表、NumPy 数组或矩阵。例如：

```
>>> import numpy as np
>>> a = np.arange(60).reshape(5,-1)
>>> a
array([[ 0,  1,  2,  3,  4,  5,  6,  7,  8,  9, 10, 11],
       [12, 13, 14, 15, 16, 17, 18, 19, 20, 21, 22, 23],
       [24, 25, 26, 27, 28, 29, 30, 31, 32, 33, 34, 35],
       [36, 37, 38, 39, 40, 41, 42, 43, 44, 45, 46, 47],
       [48, 49, 50, 51, 52, 53, 54, 55, 56, 57, 58, 59]])
>>> U, s, V = np.linalg.svd(a, full_matrices=False)
>>> np.allclose(a, np.dot(U, np.dot(np.diag(s), V)))
True
```

（13）求解线性方程组。扩展库 NumPy 的线性代数子模块 linalg 中提供了求解线性方程组的函数 solve()和求解线性方程组最小二乘解的函数 lstsq()，参数可以是 Python 列表、NumPy 数组或矩阵。例如：

```
>>> import numpy as np
>>> a = np.array([[3,1], [1,2]])        # 系数矩阵
>>> b = np.array([9,8])                 # 系数矩阵
>>> x = np.linalg.solve(a, b)           # 求解
>>> x
array([ 2.,  3.])
>>> np.dot(a, x)
array([ 9.,  8.])
```

```
>>> np.linalg.lstsq(a, b)              # 最小二乘解
                                       # 返回解、余项、a 的秩、a 的奇异值
(array([ 2., 3.]), array([], dtype=float64), 2, array([ 3.61803399,
1.38196601]))
```

（14）计算矩阵和向量的范数。扩展库 NumPy 的线性代数子模块 linalg 中提供了用来计算不同范数的函数 norm()，第一个参数可以是 Python 列表、NumPy 数组或矩阵，第二个参数用来指定范数类型，参数具体含义可以使用 help(np.linalg.norm)命令查看。例如：

```
>>> import numpy as np
>>> x = np.matrix([[1,2],[3,-4]])
>>> np.linalg.norm(x)                  # (1**2+2**2+3**2+(-4)**2)**0.5
5.477225575051661
>>> np.linalg.norm(x, -2)              # smallest singular value
1.9543950758485487
>>> np.linalg.norm(x, -1)              # min(sum(abs(x), axis=0))
4.0
>>> np.linalg.norm(x, 1)               # max(sum(abs(x), axis=0))
6.0
>>> np.linalg.norm(np.array([1,2,3,4]), 3)
4.641588833612778
```

本章知识要点

（1）Python 扩展库 NumPy 支持 N 维数组运算、处理大型矩阵、成熟的广播函数库、矢量运算、线性代数、傅里叶变换、随机数生成等。

（2）NumPy 函数 allclose()用来测试两个数组中对应位置上的元素是否全部相等或足够接近。

（3）NumPy 数组支持与标量的算术运算以及与数组的四则运算。

（4）NumPy 函数 dot()和数组的同名方法可以计算向量的内积。

（5）NumPy 数组支持函数运算，可以对数组中所有元素进行同样的函数运算，返回函数值组成的新数组。

（6）NumPy 大量函数支持 axis 参数指定操作的维度和方向。

（7）NumPy 扩展库中 linalg 模块提供了大量用于线性代数运算的函数。

习题

1.（填空题）假设已执行语句 import numpy as np，那么表达式 len(np.arange(1, 8, 3))的值为__________。

2.（填空题）假设已执行语句 import numpy as np 和 x = np.array(1, 2, 3, 4, 5)，那么表达式 sum(x*2)的值为__________。

3.（填空题）假设已执行语句 import numpy as np 和 x = np.array((1, 2, 3, 4, 5))，那么表达式 sum(x**2)的值为__________。

4.（填空题）表达式 np.random.randn(3).shape 的值为__________。

5.（判断题）两个不等长的 NumPy 数组不能相加。（　　）

6.（判断题）扩展库 NumPy 的线性代数子模块 linalg 中提供了用来计算特征值与特征向量的函数 eig()。（　　）

7.（判断题）扩展库 NumPy 的线性代数子模块 linalg 中提供了用来计算逆矩阵的函数 inv()。（　　）

8.（判断题）已知 x 和 y 是两个等长的 NumPy 一维数组，那么表达式 x.dot(y)和 sum(x*y)的值相等。（　　）

9.（判断题）扩展库 numpy 中的 arange()函数功能和内置函数 range()的功能类似，只能生成包含整数的数组，无法创建包含实数的数组。（　　）

10.（判断题）扩展库 numpy 的 isclose()返回包含若干 True/False 值的数组，而 allclose()返回 True 值或 False 值。（　　）

11.（判断题）扩展库 numpy 的函数 append()和 insert()是在原数组的基础上追加或插入元素，没有返回值。（　　）

12.（单选题）下面代码的输出结果为（　　）。

```
import numpy as np

data = [1, 9, 30, 2, -3]
print(np.ptp(data))
```

A. 33　　B. -3　　C. 1　　D. 30

13.（单选题）下面代码的输出结果为（　　）。

```
import numpy as np

mat = np.matrix([[1, 2, 3], [4, 5, 6]])
print(len(mat[0]))
```

A. 6　　B. 3　　C. 2　　D. 1

14.（单选题）下面代码的输出结果为（　　）。

```
import numpy as np

arr = np.array([[1, 2, 3], [4, 5, 6]])
print(len(arr[0]))
```

A. 6　　B. 3　　C. 2　　D. 1

第 11 章　Pandas 数据分析与处理

本章学习目标

- 理解 Pandas 的 Series 和 DataFrame 结构
- 熟练掌握 Pandas 读取不同类型数据的方法
- 熟练掌握 Pandas 访问和修改数据的方法
- 熟练掌握缺失值处理方法
- 熟练掌握重复值处理方法
- 熟练掌握异常值处理方法
- 了解透视表和交叉表的语法与功能

Python 数据分析模块 Pandas 依赖扩展库 NumPy，提供了大量数据模型和高效操作大型数据集所需要的工具，也是使得 Python 能够成为高效且强大的数据分析环境的重要因素之一。Pandas 提供了大量的函数用于生成、访问、修改、分析、保存不同类型的数据，处理缺失值、重复值、异常值，并能够结合另一个扩展库 Matplotlib 进行数据可视化。

Pandas 是 Python 用于处理数据的扩展库，主要提供了三种数据结构：①Series，带标签的一维数组；②DataFrame，带标签的二维表格结构；③Panel，带标签的三维数组。本书重点介绍前两种结构以及另外几种常用的辅助对象。

11.1　一维数组 Series 与常用索引数组生成与操作

（1）生成一维数组，例如：

```
>>> import numpy as np
>>> import pandas as pd
>>> x = pd.Series([1, 3, 5, np.nan])
>>> x
0    1.0
1    3.0
2    5.0
3    NaN
dtype: float64
```

（2）生成日期时间索引数组，例如：

```
>>> pd.date_range(start='20220101', end='20221231', freq='H')
```

```
DatetimeIndex(['2022-01-01 00:00:00', '2022-01-01 01:00:00',
               '2022-01-01 02:00:00', '2022-01-01 03:00:00',
               '2022-01-01 04:00:00', '2022-01-01 05:00:00',
               '2022-01-01 06:00:00', '2022-01-01 07:00:00',
               '2022-01-01 08:00:00', '2022-01-01 09:00:00',
               ...
               '2022-12-30 15:00:00', '2022-12-30 16:00:00',
               '2022-12-30 17:00:00', '2022-12-30 18:00:00',
               '2022-12-30 19:00:00', '2022-12-30 20:00:00',
               '2022-12-30 21:00:00', '2022-12-30 22:00:00',
               '2022-12-30 23:00:00', '2022-12-31 00:00:00'],
              dtype='datetime64[ns]', length=8737, freq='H')
>>> dates = pd.date_range(start='20220101', end='20221231', freq='D')
                                                          # 间隔为天
>>> dates
DatetimeIndex(['2022-01-01', '2022-01-02', '2022-01-03', '2022-01-04',
               '2022-01-05', '2022-01-06', '2022-01-07', '2022-01-08',
               '2022-01-09', '2022-01-10',
               ...
               '2022-12-22', '2022-12-23', '2022-12-24', '2022-12-25',
               '2022-12-26', '2022-12-27', '2022-12-28', '2022-12-29',
               '2022-12-30', '2022-12-31'],
              dtype='datetime64[ns]', length=365, freq='D')
>>> pd.date_range(start='20220101', end='20221231', freq='6D')
                                                          # 间隔 6 天
DatetimeIndex(['2022-01-01', '2022-01-07', '2022-01-13', '2022-01-19',
               '2022-01-25', '2022-01-31', '2022-02-06', '2022-02-12',
               '2022-02-18', '2022-02-24', '2022-03-02', '2022-03-08',
               '2022-03-14', '2022-03-20', '2022-03-26', '2022-04-01',
               '2022-04-07', '2022-04-13', '2022-04-19', '2022-04-25',
               '2022-05-01', '2022-05-07', '2022-05-13', '2022-05-19',
               '2022-05-25', '2022-05-31', '2022-06-06', '2022-06-12',
               '2022-06-18', '2022-06-24', '2022-06-30', '2022-07-06',
               '2022-07-12', '2022-07-18', '2022-07-24', '2022-07-30',
               '2022-08-05', '2022-08-11', '2022-08-17', '2022-08-23',
               '2022-08-29', '2022-09-04', '2022-09-10', '2022-09-16',
               '2022-09-22', '2022-09-28', '2022-10-04', '2022-10-10',
               '2022-10-16', '2022-10-22', '2022-10-28', '2022-11-03',
               '2022-11-09', '2022-11-15', '2022-11-21', '2022-11-27',
```

```
              '2022-12-03', '2022-12-09', '2022-12-15', '2022-12-21',
              '2022-12-27'],
             dtype='datetime64[ns]', freq='6D')
>>> dates = pd.date_range(start='20220101', end='20221231', freq='M')
                                                          # 间隔为月
>>> dates
DatetimeIndex(['2022-01-31', '2022-02-28', '2022-03-31', '2022-04-30',
              '2022-05-31', '2022-06-30', '2022-07-31', '2022-08-31',
              '2022-09-30', '2022-10-31', '2022-11-30', '2022-12-31'],
             dtype='datetime64[ns]', freq='M')
>>> pd.period_range('20220101', '20220131',freq='W')
PeriodIndex(['2021-12-31/2022-01-06', '2022-01-07/2022-01-13',
             '2022-01-14/2022-01-20', '2022-01-21/2022-01-27',
             '2022-01-28/2022-02-03'],
            dtype='period[W-SUN]', freq='W-SUN')
>>> pd.period_range('20220101', '20220131', freq='D')
PeriodIndex(['2022-01-01', '2022-01-02', '2022-01-03', '2022-01-04',
             '2022-01-05', '2022-01-06', '2022-01-07', '2022-01-08',
             '2022-01-09', '2022-01-10', '2022-01-11', '2022-01-12',
             '2022-01-13', '2022-01-14', '2022-01-15', '2022-01-16',
             '2022-01-17', '2022-01-18', '2022-01-19', '2022-01-20',
             '2022-01-21', '2022-01-22', '2022-01-23', '2022-01-24',
             '2022-01-25', '2022-01-26', '2022-01-27', '2022-01-28',
             '2022-01-29', '2022-01-30', '2022-01-31'],
            dtype='period[D]', freq='D')
>>> pd.period_range('20220101', '20220131', freq='H')
PeriodIndex(['2022-01-01 00:00', '2022-01-01 01:00', '2022-01-01 02:00',
             '2022-01-01 03:00', '2022-01-01 04:00', '2022-01-01 05:00',
             '2022-01-01 06:00', '2022-01-01 07:00', '2022-01-01 08:00',
             '2022-01-01 09:00',
             ...
             '2022-01-30 15:00', '2022-01-30 16:00', '2022-01-30 17:00',
             '2022-01-30 18:00', '2022-01-30 19:00', '2022-01-30 20:00',
             '2022-01-30 21:00', '2022-01-30 22:00', '2022-01-30 23:00',
             '2022-01-31 00:00'],
            dtype='period[H]', length=721, freq='H')
```

（3）一维数组重采样，要求标签为日期时间数据，例如：

```
>>> ts = pd.Series(np.random.randint(1,10,10),
                   index=pd.date_range('1/1/2022',periods=10,freq='T'))
```

```
>>> ts
2022-01-01 00:00:00    9
2022-01-01 00:01:00    8
2022-01-01 00:02:00    1
2022-01-01 00:03:00    1
2022-01-01 00:04:00    6
2022-01-01 00:05:00    9
2022-01-01 00:06:00    1
2022-01-01 00:07:00    6
2022-01-01 00:08:00    4
2022-01-01 00:09:00    8
Freq: T, dtype: int32
>>> ts.resample('3min').sum()       # 重采样，对采样区间内的数据求和
2022-01-01 00:00:00   18
2022-01-01 00:03:00   16
2022-01-01 00:06:00   11
2022-01-01 00:09:00   8
Freq: 3T, dtype: int64
>>> ts.resample('3T').mean()        # 对采样区间内的数据求平均
2022-01-01 00:00:00    6.000000
2022-01-01 00:03:00    5.333333
2022-01-01 00:06:00    3.666667
2022-01-01 00:09:00    8.000000
Freq: 3T, dtype: float64
>>> ts.resample('5T').ohlc()        # 采样区间内第一个值、最大值、最小值
                                    # 和最后一个值
                     open  high  low  close
2022-01-01 00:00:00  9     9     1    6
2022-01-01 00:05:00  9     9     1    8
```

11.2　创建二维数组 DataFrame

DataFrame 是 Pandas 最常用的数据结构，相当于一个二维数组由索引（或行标签）、列标签和值组成。Pandas 支持使用不同的方式创建 DataFrame 结构，也支持使用 read_csv()和 read_excel()函数直接从 CSV 文件或 Excel 文件中读取数据创建 DataFrame 结构，本节重点演示使用代码创建 DataFrame 结构的方法。例如：

```
>>> dates
DatetimeIndex(['2022-01-31', '2022-02-28', '2022-03-31', '2022-04-30',
               '2022-05-31', '2022-06-30', '2022-07-31', '2022-08-31',
```

```
                '2022-09-30', '2022-10-31', '2022-11-30', '2022-12-31'],
              dtype='datetime64[ns]', freq='M')
>>> pd.DataFrame(np.random.randn(12,4), index=dates,
                 columns=list('ABCD'))                        # 指定索引和列名
                   A          B          C          D
2022-01-31 -0.298228 -1.066960  0.464523 -0.034358
2022-02-28 -0.878764 -0.771151  1.189572  0.596930
2022-03-31  0.411308  0.360202  1.972785  1.601512
2022-04-30 -1.023916  0.794815  2.430375 -0.288799
2022-05-31 -0.422345  1.489114 -0.087154 -0.604216
2022-06-30 -0.439928  1.589693  1.456343 -2.243554
2022-07-31  1.989546 -0.833255  0.502472 -0.136365
2022-08-31  0.700091 -0.310239 -1.040145  0.887397
2022-09-30  1.519573 -1.664234  0.391847  0.280969
2022-10-31 -0.524352  1.685734 -0.555614 -1.404232
2022-11-30  0.176455 -1.194706  0.392082 -0.162296
2022-12-31  0.055622  0.922703  0.354021  0.343643
>>> pd.DataFrame([np.random.randint(1, 100, 4) for i in range(12)],
                 index=dates, columns=list('ABCD'))           # 4 列随机数
             A   B   C   D
2022-01-31  42  33  64  98
2022-02-28  79  85  88  88
2022-03-31  21  10  31  25
2022-04-30  43  14  69  73
2022-05-31  83  53  68  72
2022-06-30  79  55   7  78
2022-07-31  88  30  72  70
2022-08-31  25  85  31  77
2022-09-30   2  71  10  25
2022-10-31  32  31  45  57
2022-11-30  91   6  92  99
2022-12-31  98  25  85  44
>>> pd.DataFrame({'A':np.random.randint(1, 100, 4),
      'B':pd.date_range(start='20220101', periods=4, freq='D'),
      'C':pd.Series([1, 2, 3, 4], index=list(range(4)),
                    dtype='float32'),
      'D':np.array([3] * 4,dtype='int32'),
      'E':pd.Categorical(["test","train","test","train"]),
      'F':'foo'})                                # 使用字典创建 DataFrame
```

```
   A       B        C   D  E     F
0  61  2022-01-01  1.0  3  test  foo
1  43  2022-01-02  2.0  3  train foo
2  43  2022-01-03  3.0  3  test  foo
3  81  2022-01-04  4.0  3  train foo
>>> df = pd.DataFrame({'A':np.random.randint(1, 100, 4),
        'B':pd.date_range(start='20220101', periods=4, freq='D'),
        'C':pd.Series([1, 2, 3, 4],
                      index=['zhang', 'li', 'zhou', 'wang'],
                      dtype='float32'),
        'D':np.array([3] * 4,dtype='int32'),
        'E':pd.Categorical(["test","train","test","train"]),
        'F':'foo'})
>>> df
        A      B        C   D  E     F
zhang  34  2022-01-01  1.0  3  test  foo
li     64  2022-01-02  2.0  3  train foo
zhou   54  2022-01-03  3.0  3  test  foo
wang   45  2022-01-04  4.0  3  train foo
```

11.3 DataFrame 常用操作

（1）二维数据查看，例如：

```
>>> df.head()              # 默认显示前 5 行
        A     B         C   D  E     F
zhang  34 2022-01-01  1.0  3  test  foo
li     64 2022-01-02  2.0  3  train foo
zhou   54 2022-01-03  3.0  3  test  foo
wang   45 2022-01-04  4.0  3  train foo
>>> df.head(3)             # 查看前 3 行
        A     B         C   D  E     F
zhang  34 2022-01-01  1.0  3  test  foo
li     64 2022-01-02  2.0  3  train foo
zhou   54 2022-01-03  3.0  3  test  foo
>>> df.tail(2)             # 查看最后 2 行
        A     B         C   D  E     F
zhou   54 2022-01-03  3.0  3  test  foo
wang   45 2022-01-04  4.0  3  train foo
```

（2）查看二维数据的索引、列名和数据，例如：

```
>>> df.index
Index(['zhang', 'li', 'zhou', 'wang'], dtype='object')
>>> df.columns
Index(['A', 'B', 'C', 'D', 'E', 'F'], dtype='object')
>>> df.values
array([[34,Timestamp('2022-01-01 00:00:00'),1.0,3,'test','foo'],
       [64,Timestamp('2022-01-02 00:00:00'),2.0,3,'train','foo'],
       [54,Timestamp('2022-01-03 00:00:00'),3.0,3,'test','foo'],
       [45,Timestamp('2022-01-04 00:00:00'),4.0,3,'train','foo']],
dtype=object)
```

（3）查看数据的统计信息，例如：

```
>>> df.describe() # 平均值、标准差、最小值、最大值等信息
              A         C    D
count   4.00000  4.000000  4.0
mean   49.25000  2.500000  3.0
std    12.78997  1.290994  0.0
min    34.00000  1.000000  3.0
25%    42.25000  1.750000  3.0
50%    49.50000  2.500000  3.0
75%    56.50000  3.250000  3.0
max    64.00000  4.000000  3.0
>>> df['A'].quantile([0, 0.25, 0.5, 0.75, 1.0])      # 查看四分位数
0.00    34.00
0.25    42.25
0.50    49.50
0.75    56.50
1.00    64.00
Name: A, dtype: float64
```

（4）排序，例如：

```
>>> df.sort_index(axis=0, ascending=False)           # 按索引降序排序
        A          B    C  D  E      F
zhou   54 2022-01-03  3.0  3  test   foo
zhang  34 2022-01-01  1.0  3  test   foo
wang   45 2022-01-04  4.0  3  train  foo
li     64 2022-01-02  2.0  3  train  foo
>>> df.sort_index(axis=0, ascending=True)            # 按索引升序排序
        A          B    C  D  E      F
li     64 2022-01-02  2.0  3  train  foo
```

```
wang    45 2022-01-04  4.0  3  train  foo
zhang   34 2022-01-01  1.0  3  test   foo
zhou    54 2022-01-03  3.0  3  test   foo
>>> df.sort_index(axis=1, ascending=False)  # 按列名降序排序
        F    E     D  C    B          A
zhang   foo  test  3  1.0  2022-01-01 34
li      foo  train 3  2.0  2022-01-02 64
zhou    foo  test  3  3.0  2022-01-03 54
wang    foo  train 3  4.0  2022-01-04 45
>>> df.sort_values(by='A')                   # 根据单列数据进行排序
        A  B           C    D  E      F
zhang   34 2022-01-01  1.0  3  test   foo
wang    45 2022-01-04  4.0  3  train  foo
zhou    54 2022-01-03  3.0  3  test   foo
li      64 2022-01-02  2.0  3  train  foo
>>> df.sort_values(by=['D', 'E', 'A'])       # 根据多列数据进行排序
        A  B           C    D  E      F
zhang   34 2022-01-01  1.0  3  test   foo
zhou    54 2022-01-03  3.0  3  test   foo
wang    45 2022-01-04  4.0  3  train  foo
li      64 2022-01-02  2.0  3  train  foo
```

（5）数据选择，例如：

```
>>> df['A']                                  # 选择A列
zhang    34
li       64
zhou     54
wang     45
Name: A, dtype: int32

>>> df['A'].values
array([34, 64, 54, 45])
>>> df[0:2]                                  # 使用切片选择多行
        A  B           C    D  E      F
zhang   34 2022-01-01  1.0  3  test   foo
li      64 2022-01-02  2.0  3  train  foo
>>> df.loc[:, ['A', 'C']]          # 选择多列，等价于df[['A', 'C']]
        A   C
zhang   34  1.0
li      64  2.0
```

```
zhou    54  3.0
wang    45  4.0
>>> df.loc[['zhang', 'zhou'], ['A', 'D', 'E']]
                                          # 同时指定多行与多列进行选择
        A  D  E
zhang   34  3  test
zhou    54  3  test
>>> df.loc['zhang', ['A', 'D', 'E']]
A       34
D        3
E     test
Name: zhang, dtype: object
>>> df.at['zhang', 'A']                   # 查询指定行、列标签的数据值
34
>>> df.iloc[3]                            # 查询第 3 行数据，下标从 0 开始计算
A                    45
B   2022-01-04 00:00:00
C                   4.0
D                     3
E                 train
F                   foo
Name: wang, dtype: object
>>> df.iloc[0:3, 0:4]                     # 查询前 3 行、前 4 列数据
        A          B    C  D
zhang  34 2022-01-01  1.0  3
li     64 2022-01-02  2.0  3
zhou   54 2022-01-03  3.0  3
>>> df.iloc[[0, 2, 3], [0, 4]]            # 查询指定的多行、多列数据
        A  E
zhang  34  test
zhou   54  test
wang   45  train
>>> df[df.A>50]                           # A 列值大于 50 的数据
        A          B    C  D  E      F
li     64 2022-01-02  2.0  3  train  foo
zhou   54 2022-01-03  3.0  3  test   foo
>>> df[df['E']=='test']                   # E 列值为字符串'test'的数据
        A          B    C  D  E      F
zhang  34 2022-01-01  1.0  3  test   foo
```

```
zhou    54 2022-01-03  3.0  3  test   foo
>>> df[df['A'].isin([34,45])]                    # A 列值为 34 或 45 的数据
        A       B        C    D  E      F
zhang   34 2022-01-01  1.0  3  test   foo
wang    45 2022-01-04  4.0  3  train  foo
>>> df.nlargest(3, ['C'])                        # 返回指定列最大的前 3 行
        A       B        C    D  E      F
wang    45 2022-01-04  4.0  3  train  foo
zhou    54 2022-01-03  3.0  3  test   foo
li      64 2022-01-02  2.0  3  train  foo
```

（6）数据修改，例如：

```
>>> df.iat[0, 2] = 3
>>> df.loc[:, 'D'] = np.random.randint(50, 60, 4)
                                                 # 修改某列的值
>>> df['C'] = -df['C']                           # 对指定列数据取反
>>> df                                           # 查看修改结果
        A       B        C      D   E      F
zhang   34 2022-01-01  -3.0   54  test   foo
li      64 2022-01-02  -2.0   51  train  foo
zhou    54 2022-01-03  -3.0   59  test   foo
wang    45 2022-01-04  -4.0   50  train  foo
>>> dff = df[:]                                  # 切片
>>> dff
        A       B        C      D   E      F
zhang   34 2022-01-01  -3.0   54  test   foo
li      64 2022-01-02  -2.0   51  train  foo
zhou    54 2022-01-03  -3.0   59  test   foo
wang    45 2022-01-04  -4.0   50  train  foo
>>> dff['C'] = dff['C'] ** 2                     # 替换列数据
>>> dff
        A       B        C      D   E      F
zhang   34 2022-01-01  9.0    54  test   foo
li      64 2022-01-02  4.0    51  train  foo
zhou    54 2022-01-03  9.0    59  test   foo
wang    45 2022-01-04  16.0   50  train  foo
>>> dff.loc[dff['C']==-3.0, 'D'] = 100  # 修改特定行的指定列
>>> dff
        A       B        C      D   E      F
zhang   34 2022-01-01  9.0    54  test   foo
```

```
li      64 2022-01-02  4.0   51  train  foo
zhou    54 2022-01-03  9.0   59  test   foo
wang    45 2022-01-04 16.0   50  train  foo
>>> data = pd.DataFrame({'age':np.random.randint(20,50,5)})
>>> data
   age
0   36
1   30
2   45
3   22
4   47
>>> data['rank'] = data['age'].rank()            # 增加一列位次序号
>>> data
   age  rank
0   36   3.0
1   30   2.0
2   45   4.0
3   22   1.0
4   47   5.0
>>> dff = pd.DataFrame({'A':[1,2,3,4], 'B':[10,20,8,40]})
>>> dff['ColSum'] = dff.apply(sum, axis=1)       # 对行求和，增加 1 列
>>> dff.loc['RowSum'] = dff.apply(sum, axis=0)   # 对列求和，增加 1 行
>>> dff
          A   B   ColSum
0         1  10       11
1         2  20       22
2         3   8       11
3         4  40       44
RowSum   10  78       88
```

11.4　缺失值处理

在处理缺失值时，需要分析和确定产生缺失值的原因，然后根据实际情况进行丢弃或填充，或者检修相应的传感器、线路等设备。

```
>>> df
        A          B    C   D  E      F
zhang  34 2022-01-01  9.0  54  test   foo
li     64 2022-01-02  4.0  51  train  foo
```

```
zhou    54 2022-01-03  9.0   59  test   foo
wang    45 2022-01-04  16.0  50  train  foo
>>> df1 = df.reindex(columns=list(df.columns) + ['G'])
>>> df1
         A          B     C   D   E      F    G
zhang   34 2022-01-01  9.0   54  test   foo  NaN
li      64 2022-01-02  4.0   51  train  foo  NaN
zhou    54 2022-01-03  9.0   59  test   foo  NaN
wang    45 2022-01-04  16.0  50  train  foo  NaN
>>> df1.iat[0, 6] = 3     # 修改指定位置元素值，该列其他元素为缺失值 NaN
>>> df1
         A          B     C   D   E      F    G
zhang   34 2022-01-01  9.0   54  test   foo  3.0
li      64 2022-01-02  4.0   51  train  foo  NaN
zhou    54 2022-01-03  9.0   59  test   foo  NaN
wang    45 2022-01-04  16.0  50  train  foo  NaN
>>> df1.dropna()                              # 返回不包含缺失值的行
         A          B     C   D   E      F    G
zhang   34 2022-01-01  9.0   54  test   foo  3.0
>>> df1['G'].fillna(5, inplace=True)          # 使用指定值填充缺失值
>>> df1
         A          B     C   D   E      F    G
zhang   34 2022-01-01  9.0   54  test   foo  3.0
li      64 2022-01-02  4.0   51  train  foo  5.0
zhou    54 2022-01-03  9.0   59  test   foo  5.0
wang    45 2022-01-04  16.0  50  train  foo  5.0
>>> df1.iat[2, 5] = np.nan
>>> df1
         A          B     C   D   E      F    G
zhang   34 2022-01-01  9.0   54  test   foo  3.0
li      64 2022-01-02  4.0   51  train  foo  5.0
zhou    54 2022-01-03  9.0   59  test   NaN  5.0
wang    45 2022-01-04  16.0  50  train  foo  5.0
>>> df1.dropna(thresh=7)                      # 返回包含 7 个有效值以上的数据
         A          B     C   D   E      F    G
zhang   34 2022-01-01  9.0   54  test   foo  3.0
li      64 2022-01-02  4.0   51  train  foo  5.0
wang    45 2022-01-04  16.0  50  train  foo  5.0
```

11.5 重复值处理

处理重复值时，应首先明确判断两行数据是否重复的标准。例如，是所有列都一样才认为两行数据重复，还是某几列的值一样就认为两行数据重复。如果采用后面的标准，那么应根据哪几列的值来判断是否重复。

```
>>> data = pd.DataFrame({'k1':['one'] * 3 + ['two'] * 4,
                         'k2':[1, 1, 2, 3, 3, 4, 4]})
>>> data
    k1  k2
0  one   1
1  one   1
2  one   2
3  two   3
4  two   3
5  two   4
6  two   4
>>> data.duplicated()                          # 检查重复行
0    False
1     True
2    False
3    False
4     True
5    False
6     True
dtype: bool
>>> data.drop_duplicates()                     # 返回新数组，删除重复行
    k1  k2
0  one   1
2  one   2
3  two   3
5  two   4
>>> data.drop_duplicates(['k1'])               # 删除 k1 列的重复数据
    k1  k2
0  one   1
3  two   3
>>> data.drop_duplicates(['k1'], keep='last')
                                               # 对于重复值，保留最后一个
```

```
    k1  k2
2  one   2
6  two   4
```

11.6 异常值处理

异常值也称离群点，是指正常范围之外的值。所谓正常范围，不仅和问题本身有关，也和数据类型有关，是由多个因素共同决定的。细分的话，可以分为数值型异常值、时间型异常值、空间型异常值、类型非法异常值等不同类型，其中数值型异常值较为常见。

```
>>> data = pd.DataFrame(np.random.randn(500, 4))
>>> data.describe()              # 查看数据的统计信息
              0           1           2           3
count  500.000000  500.000000  500.000000  500.000000
mean    -0.036039    0.043680   -0.002934    0.043704
std      0.966148    0.954935    1.015211    1.065056
min     -3.377757   -2.652578   -2.922349   -2.889350
25%     -0.682403   -0.604935   -0.705986   -0.635300
50%     -0.050988    0.029723   -0.006741   -0.018355
75%      0.595327    0.667579    0.657123    0.747367
max      2.912235    2.650305    2.697922    3.326877
>>> col2 = data[2]               # 第 3 列
>>> col2[col2>2.5]               # 查看大于 2.5 的值
6      2.593384
70     2.697922
268    2.563059
Name: 2, dtype: float64
>>> data[np.abs(data)>2.5] = np.sign(data) * 2.5
>>> data.describe()
              0           1           2           3
count  500.000000  500.000000  500.000000  500.000000
mean    -0.033996    0.043067   -0.002619    0.043216
std      0.954079    0.951666    1.010693    1.054777
min     -2.500000   -2.500000   -2.500000   -2.500000
25%     -0.682403   -0.604935   -0.705986   -0.635300
50%     -0.050988    0.029723   -0.006741   -0.018355
75%      0.595327    0.667579    0.657123    0.747367
max      2.500000    2.500000    2.500000    2.500000
```

11.7　分组计算

分组是指把某列或某几列值相同的数据放到一个组中，同一组中其他列的数据可以求和、求平均值、求中值、最大值、最小值，不同列可以使用不同的计算方式。

```
>>> dft = pd.DataFrame({'A':np.random.randint(1,5,8),
                        'B':np.random.randint(10,15,8),
                        'C':np.random.randint(20,30,8),
                        'D':np.random.randint(80,100,8)})
>>> dft
   A   B   C   D
0  1  13  26  81
1  3  14  29  88
2  1  13  28  88
3  2  10  21  90
4  4  14  28  83
5  4  11  24  81
6  2  11  26  99
7  3  13  25  91
>>> dft.groupby('A').sum()          # 数据分组计算
    B   C    D
A
1  26  54  169
2  21  47  189
3  27  54  179
4  25  52  164
>>> dft.groupby(by=['A', 'B']).mean()
           C     D
A B
1 13    27.0  84.5
2 10    21.0  90.0
  11    26.0  99.0
3 13    25.0  91.0
  14    29.0  88.0
4 11    24.0  81.0
  14    28.0  83.0
>>> dft.groupby(by=['A', 'B'], as_index=False).mean()
```

```
                                            # A和B不作为索引
   A   B     C     D
0  1  13  27.0  84.5
1  2  10  21.0  90.0
2  2  11  26.0  99.0
3  3  13  25.0  91.0
4  3  14  29.0  88.0
5  4  11  24.0  81.0
6  4  14  28.0  83.0
>>>dft.groupby(by=['A','B']).aggregate({'C':np.mean,'D':np.min})
                                            # 分组后，C列使用平均值，D列使用最小值
        C   D
A B
1 13   27  81
2 10   21  90
  11   26  99
3 13   25  91
  14   29  88
4 11   24  81
  14   28  83
```

11.8 透视表与交叉表

透视表用来根据一个或多个键进行聚合，把数据分散到对应的行和列上去，是数据分析常用技术之一。交叉表是一种特殊的透视表，往往用来统计频次，也可以使用参数 aggfunc 指定聚合函数实现其他功能。

```
>>> df = pd.DataFrame({'a':[1,2,3,4],
                       'b':[2,3,4,5],
                       'c':[3,4,5,6],
                       'd':[3,3,3,3]})
>>> df
   a  b  c  d
0  1  2  3  3
1  2  3  4  3
2  3  4  5  3
3  4  5  6  3
>>> df.pivot(index='a', columns='b', values='c')    # 透视表
b   2    3    4    5
a
```

```
1  3.0  NaN  NaN  NaN
2  NaN  4.0  NaN  NaN
3  NaN  NaN  5.0  NaN
4  NaN  NaN  NaN  6.0
>>> df.pivot(index='a', columns='b', values='d')
b   2    3    4    5
a
1  3.0  NaN  NaN  NaN
2  NaN  3.0  NaN  NaN
3  NaN  NaN  3.0  NaN
4  NaN  NaN  NaN  3.0
>>> df.pivot(index='a', columns='b')
     c                   d
b   2    3    4    5    2    3    4    5
a
1  3.0  NaN  NaN  NaN  3.0  NaN  NaN  NaN
2  NaN  4.0  NaN  NaN  NaN  3.0  NaN  NaN
3  NaN  NaN  5.0  NaN  NaN  NaN  3.0  NaN
4  NaN  NaN  NaN  6.0  NaN  NaN  NaN  3.0
>>> df.pivot(index='a', columns='b')['c']
b   2    3    4    5
a
1 3.0  NaN  NaN  NaN
2  NaN  4.0  NaN  NaN
3  NaN  NaN  5.0  NaN
4  NaN  NaN  NaN  6.0
>>> pd.crosstab(index=df.a, columns=df.b)    # 交叉表
b 2 3 4 5
a
1 1 0 0 0
2 0 1 0 0
3 0 0 1 0
4 0 0 0 1
>>> pd.crosstab(index=df.a, columns=df.b, margins=True)
b    2  3  4  5  All
a
1    1  0  0  0    1
2    0  1  0  0    1
3    0  0  1  0    1
```

```
4    0  0  0  1    1
All  1  1  1  1    4
>>> pd.crosstab(index=df.a, columns=df.b, values=df.c,
                aggfunc='sum', margins=True) # 指定聚合函数，对元素求和
b     2    3    4    5    All
a
1    3.0  NaN  NaN  NaN   3.0
2    NaN  4.0  NaN  NaN   4.0
3    NaN  NaN  5.0  NaN   5.0
4    NaN  NaN  NaN  6.0   6.0
All  3.0  4.0  5.0  6.0  18.0
>>> pd.crosstab(index=df.a, columns=df.b, values=df.c,
                aggfunc='mean', margins=True)
b     2    3    4    5   All
a
1    3.0  NaN  NaN  NaN  3.0
2    NaN  4.0  NaN  NaN  4.0
3    NaN  NaN  5.0  NaN  5.0
4    NaN  NaN  NaN  6.0  6.0
All  3.0  4.0  5.0  6.0  4.5
```

11.9 数据差分

数据差分往往用来计算数据的涨幅，用于观察数据的波动情况。DataFrame 对象的 diff() 方法用来计算数据差分，其完整语法为

```
diff(periods=1, axis=0)
```

其中，参数 periods 用来指定差分的跨度，当 periods=1 且 axis=0 时表示每一行数据减去紧邻的上一行数据，当 periods=2 且 axis=0 时表示每一行减去上面第二行的数据，以此类推；参数 axis=0 时表示按行进行纵向差分，axis=1 时表示按列横向差分。另外，用 DataFrame 对象的 pct_change()方法来计算涨比，可自行查阅资料。

```
>>> df = pd.DataFrame({'a':np.random.randint(1, 100, 10),
                       'b':np.random.randint(1, 100, 10)},
                      index=map(str, range(10)))
>>> df
    a   b
0  21  54
1  53  28
2  18  87
3  56  40
```

```
4  62  34
5  74  10
6   7  78
7  58  79
8  66  80
9  30  21
>>> df.diff()                        # 纵向一阶差分，每行与上一行相减
      a     b
0   NaN   NaN
1  32.0 -26.0
2 -35.0  59.0
3  38.0 -47.0
4   6.0  -6.0
5  12.0 -24.0
6 -67.0  68.0
7  51.0   1.0
8   8.0   1.0
9 -36.0 -59.0
>>> df.diff(axis=1)                  # 横向一阶差分，每列与左侧列相减
    a     b
0 NaN  33.0
1 NaN -25.0
2 NaN  69.0
3 NaN -16.0
4 NaN -28.0
5 NaN -64.0
6 NaN  71.0
7 NaN  21.0
8 NaN  14.0
9 NaN  -9.0
>>> df.diff(periods=2)               # 纵向二阶差分，每行与上上行相减
      a     b
0   NaN   NaN
1   NaN   NaN
2  -3.0  33.0
3   3.0  12.0
4  44.0 -53.0
5  18.0 -30.0
6 -55.0  44.0
```

```
7 -16.0  69.0
8  59.0   2.0
9 -28.0 -58.0
```

11.10 相关系数

相关系数是用以反映变量之间相关关系密切程度的统计指标，最早是由统计学家卡尔·皮尔逊设计的，这也是最常用的相关系数计算方法。

```
>>> df = pd.DataFrame({'A':np.random.randint(1, 100, 10),
                       'B':np.random.randint(1, 100, 10),
                       'C':np.random.randint(1, 100, 10)})
>>> df
    A   B   C
0   5  91   3
1  90  15  66
2  93  27   3
3  70  44  66
4  27  14  10
5  35  46  20
6  33  14  69
7  12  41  15
8  28  62  47
9  15  92  77
>>> df.corr()                                # pearson 相关系数
          A         B         C
A  1.000000 -0.560009  0.162105
B -0.560009  1.000000  0.014687
C  0.162105  0.014687  1.000000
>>> df.corr('kendall')                       # Kendall Tau 相关系数
          A         B         C
A  1.000000 -0.314627  0.113666
B -0.314627  1.000000  0.045980
C  0.113666  0.045980  1.000000
>>> df.corr('spearman')                      # spearman 秩相关
          A         B         C
A  1.000000 -0.419455  0.128051
B -0.419455  1.000000  0.067279
C  0.128051  0.067279  1.000000
```

本章知识要点

（1）Pandas 是 Python 用于处理数据的扩展库，主要提供了三种数据结构：①Series，带标签的一维数组；②DataFrame，带标签的二维表格结构；③Panel，带标签的三维数组。

（2）Pandas 支持使用不同的方式创建 DataFrame 结构，也支持使用 read_csv()和 read_excel()函数直接从 CSV 文件或 Excel 文件中读取数据创建 DataFrame 结构。

（3）Pandas 的 DataFrame 结构支持重复值、异常值、缺失值等处理，以及分组计算、透视表与交叉表、数据差分、相关系数等计算与操作。

习题

1.（判断题）扩展库 Pandas 的 read_excel()函数用于读取 Excel 文件中的数据并创建 DataFrame 对象。（　　）

2.（判断题）已知 df 为 Pandas 的 DataFrame 对象，那么 df[:10]表示访问 df 中前 10 列数据。（　　）

3.（判断题）使用扩展库 Pandas 中 DataFrame 对象的 iloc 方法访问数据时，可以使用 DataFrame 的 index 标签，也可以使用整数序号来指定要访问的行和列。（　　）

4.（判断题）使用扩展库 Pandas 中 DataFrame 对象的 loc 方法访问数据时，可以使用 DataFrame 的 index 标签，也可以使用整数序号来指定要访问的行和列。（　　）

5.（判断题）已知 df 为 Pandas 的 DataFrame 对象，那么 df[:10] 表示访问 df 中前 10 行数据。（　　）

6.（判断题）已知 df 为 Pandas 的 DataFrame 对象，那么 df[df['交易额'].between(800,850)]表示访问 df 中“交易额”列的值介于 800 和 850 之间的数据。（　　）

7.（判断题）扩展库 Pandas 中 DataFrame 对象 groupby()方法的参数 as_index=False 时用来设置分组的列中的数据不作为结果 DataFrame 对象的 index。（　　）

8.（判断题）扩展库 Pandas 中 DataFrame 对象提供了 pivot()方法和 pivot_table()方法实现透视表所需要的功能，返回新的 DataFrame 对象。（　　）

9.（判断题）扩展库 Pandas 提供了 crosstab()函数根据一个 DataFrame 对象中的数据生成交叉表，返回新的 DataFrame 对象。（　　）

10.（判断题）扩展库 Pandas 中 DataFrame 对象支持使用 dropna()方法丢弃带有缺失值的数据行，或者使用 fillna()方法对缺失值进行批量替换，也可以使用 loc[]、iloc[]方法直接对符合条件的数据进行替换。（　　）

11.（判断题）扩展库 Pandas 中 DataFrame 对象的 drop_duplicates()方法可以用来删除重复的数据。（　　）

12.（判断题）扩展库 Pandas 中 DataFrame 结构的 diff()方法支持进行数据差分，返回新的 DataFrame 对象。（　　）

附　录

附录 A　Python 语言常用术语和概念

1．列表（list）：内置类型，可变（或不可散列），其中可以包含任意类型的数据，支持使用下标和切片访问其中的某个或某些元素，常用方法有 append()、insert()、remove()、pop()、sort()、reverse()、count()、index()，支持运算符+、+=、*、*=。可以使用[]直接定义列表，也可以使用 list()把其他类型的可迭代对象转换为列表，列表推导式也可以用来创建列表，若干标准库函数、内置类型方法以及扩展库函数或方法也会返回列表。列表不能作为字典的“键”，也不能作为集合的元素。

2．元组（tuple）：内置类型，不可变（或可散列），其中可以包含任意类型的数据，如果元组中只有一个元素，必须加一个逗号，如(3,)。元组支持使用下标和切片访问其中的某个或某些元素，支持运算符+、*。可以使用()直接定义元组，也可以使用 tuple()把其他可迭代对象转换为元组，若干标准库函数、内置类型方法以及扩展库函数或方法也会返回元组。元组可以作为字典的“键”或者集合的元素，但是如果元组中包含列表、字典、集合或其他可变对象，就不能作为字典的“键”和集合的元素了。

3．字典（dict）：内置类型，常用于表示特定的映射关系或对应关系，可变（不可散列），元素形式为“键:值”，其中“键”必须是可散列类型的数据且不重复。如果创建字典时指定的“键”有重复，只保留最后一个，如执行语句 x = {'a': 96, 'b': 98, 'c': 99, 'a': 97}后 x 的值为{'a': 97, 'b': 98, 'c': 99}。

4．集合（set）：内置类型，可变（不可散列），其中每个元素都必须可散列且不会重复。

5．字符串（str）：内置类型，可散列（不可变），可以是空字符串或包含任意多个任意字符的对象，使用单引号、双引号、三单引号、三双引号作为定界符，不同定界符之间可以嵌套。在字符串前面加字母 r 或 R 表示原始字符串，加字母 f 或 F 表示对其中的占位符进行格式化，可以在一个字符串前面同时加字母 r 和 f（不区分大小写）。

6．下标（subscript）：对于列表、元组、字符串和 range 对象，可以使用整数作为下标来访问指定位置或序号的元素，如 x[0]。第一个元素的下标是 0，第二个元素的下标是 1，以此类推；如果使用负整数作为下标的话，最后一个元素的下标为−1，倒数第二个元素的下标为−2，以此类推。对于字典，可以使用“键”作为下标，返回对应元素的“值”。

7．切片（slice）：用来访问列表、元组、字符串和 range 中部分元素的语法，完整形式为[start:stop:step]，其中 start、stop、step 的含义与 range()函数的参数相同。例如，'abcdefg'[:3]的结果为'abc'。

8．运算符（operator）：用来表示特定运算的符号，例如，+表示加法运算、−表示减法或相反数或差集运算、*表示乘法运算、/表示真除法、//表示整除运算、**表示幂运算，>、<、>=、<=、==、!=表示关系运算，and、or、not 表示逻辑运算，&、|、^、>>、<<、~表示位运算（其

中前三个还可以表示集合运算），[]表示下标或切片，另外还有 in、is、@、:=（Python 3.8 新增）运算符。

9．表达式（expression）：单个常量、变量以及若干常量、变量使用运算符或函数调用组成的式子都是合法表达式。表达式作为内置函数 bool()的参数时如果返回 True，那么这样的表达式作为条件表达式时表示条件成立。

10．动态类型（dynamic type）：在 Python 中，不需要声明变量的类型，第一次给某个变量赋值的语句会创建变量，每次重新赋值时会根据等号右侧表达式值的类型来动态改变变量的类型。

11．解释型语言（interpreted language）：Python 程序不需要编译和链接为可执行程序，源代码就可以由 Python 解释器直接解释执行。

12．伪编译（pseudo compilation）：Python 源程序可以通过多种方式伪编译为.pyc 格式的字节码文件，Python 解释器也可以直接解释和执行字节码文件。

13．迭代器对象（iterator）：同时具有特殊方法__next__()和__iter__()的对象，这类对象具有惰性求值特点，不能直接查看其中的内容，也不支持使用下标和切片访问其中的元素，可以把迭代器对象转换为列表、元组、集合，也可以使用 for 循环直接遍历其中的元素，或者使用内置函数 next()获取迭代器对象中的下一个元素。不论使用哪种方式，每个元素只能使用一次。map 对象、zip 对象、enumerate 对象、filter 对象、reversed 对象、生成器对象都属于迭代器对象。

14．可迭代对象（iterable）：具有特殊方法__iter__()的对象，可以使用 for 循环遍历其中的元素。列表、元组、字典、集合、字符串，以及各种迭代器对象都属于可迭代对象。

15．可散列对象（hashable object）：可以计算散列值的对象，概念等价于不可变对象，也称可哈希对象。列表、字典、集合这样可以增加元素、删除元素、修改元素的对象属于不可散列对象，元组、字符串这样的不可变对象属于可散列对象。可以使用内置函数 hash()计算一个对象的散列值，如果试图计算不可散列对象的散列值会抛出异常。

16．列表推导式（list comprehension）：语法形式为[expr for var in iterable if condition]，计算结果为一个列表，可用于对 iterable 中的元素进行计算或过滤，也称列表解析式。

17．生成器表达式（generator expression）：语法形式为(expr for var in iterable if condition)，计算结果为一个生成器对象，生成器对象属于迭代器对象，具有惰性求值特点，不支持下标、切片，只能从前向后逐个访问其中的元素，且其中每个元素只能使用一次。

18．字典推导式（dict comprehension）：形如{key:value for key, value in iterable}这样的推导式，其中 iterable 中每个元素为包含两个元素的元组，并且每个元组的第一个元素为可散列对象。字典推导式的结果为字典。

19．集合推导式（set comprehension）：形如{item for item in iterable}这样的推导式，其中 iterable 中每个元素都是可散列对象。集合推导式的结果为集合。

20．生成器对象（generator object）：可以使用生成器表达式和生成器函数得到生成器对象。

21．关键字（keyword）：Python 中具有特殊含义和用途的单词，不能用作变量名或其他用途。可以使用 from keyword import kwlist 导入之后使用 print(kwlist)查看所有关键字，如 if、else、for、while、break、continue、return、from、import 等。

22．函数（function）：和数学上函数的概念类似，表示一种变换或处理，可以接收 0 或多个输入（参数），给出 1（可能为空值）或多个输出（需要放在可迭代对象中整体返回）。

23．内置函数（builtin function）：封装在 Python 解释器中，启动 Python 即可使用，不需要导入任何标准库或扩展库。可以使用 dir(__builtins__)查看所有内置对象，其中包含全部内置函数，如 sum()、open()、len()、map()、filter()、enumerate()等。

24．自定义函数（function）：可以使用关键字 def 或 lambda 定义，实现对代码的封装和重复使用。

25．递归函数：如果一个函数的代码中又调用这个函数自己，这样的函数叫作递归函数。定义递归函数时应使得每次递归调用时问题性质不变但问题规模越来越小，小到一定程度时直接解决问题，不再递归。

26．生成器函数（generator function）：包含 yield 语句的函数，这样的函数调用时不是返回一个值，而是返回生成器对象。

27．修饰器（decorator）：一种特殊的函数，接收一个函数作为参数，对其功能进行补充或增强或限制，返回一个新函数。

28．可调用对象（callable object）：可以像函数一样调用的对象，包括函数、lambda 表达式、类（实际是调用的构造方法）、类方法、静态方法、对象的成员方法、定义了特殊方法 __call__()的类的对象。

29．lambda 表达式（lambda expression）：一种常用来定义匿名函数（没有名字的函数）的语法，功能相当于函数，属于可调用对象，常用于内置函数 max()、min()、sorted()、map()、filter()以及标准库 functools 的函数 reduce()的参数。在功能上，lambda x: x+5 相当于接收一个数字然后加 5 返回的函数。也可以给 lambda 表达式起名字定义具名函数（具有名字的函数），func = lambda x, y: x+y 相当于 def func(x, y): return x+y。

30．位置参数（positional argument）：调用函数时严格按位置和顺序进行传递的参数，如 sorted(data, key=str)中的参数 data。

31．关键参数（keyword argument）：调用函数时明确说明哪个实参传递给哪个形参，如 sorted(data, key=str)中的参数 key。

32．可变长度参数：有 def func(*p)和 def func(**p)两种形式，前者可以接收任意多个位置参数并放入元组 p 中，后者可以接收任意多个关键参数并放入字典 p 中，元组或字典中元素数量取决于实参的数量。

33．全局变量（global variable）：如果一个变量的第一次赋值语句不在任何函数内部，那么它是全局变量。另外，在函数内部可以使用关键字 global 直接声明一个变量为全局变量。

34．局部变量（local variable）：在函数内部创建且没有使用关键字 global 声明的变量。

35．变量作用域（variable scope）：变量起作用的代码范围。在 Python 中，变量自定义开始，直到当前函数或文件结束，都是可以使用的，除非被声明为全局变量或者被更小的作用域内同名变量暂时隐藏。

36．闭包作用域（enclosing scope）：在 Python 中允许嵌套定义函数，也就是一个函数的定义中可以再定义函数。在内层函数中可以直接使用父函数中局部变量的值，但是如果要在内层函数中修改父函数中局部变量的值，必须使用关键字 nonlocal 声明该变量绑定到距离最近的父函数中已经存在的局部变量。

37．序列解包（sequence unpacking）：同时给多个变量赋值的语法，要求等号左侧变量的数量和等号右侧值的数量或者可迭代对象中元素数量严格一致。

38．星号表达式（star expression）：也属于序列解包的用法，在可迭代对象前面加一个星号表示把其中的元素都取出来，常见于把可迭代对象中的全部元素作为函数的位置参数的场合，如 print(*'abc')。

39．类（class）：使用关键字 class 定义，是对某些具有相似特征和行为的对象的抽象。如果在类中定义了__call__()特殊方法，那么该类的所有对象都是可调用对象，可以像函数一样调用。在类中重新实现__add__()等特殊方法，可以实现对运算符或内置函数的支持。

40．方法（method）：形式类似于函数，表示特定的行为或运算，必须通过类或对象来调用，后者用得更多一些。一般来说，方法直接作用在调用方法的对象上，函数必须指定要操作的对象。自定义类时，属于对象的成员方法的第一个参数（一般名为 self）表示对象自己，属于类的方法第一个参数（一般名为 cls）表示类自己，都不需要显式传递，是调用时隐式绑定和传递的。可以使用修饰器把成员方法声明为属性。

41．数据成员（data member）：在类中用来表示事物特征（例如，人的身份证号、姓名、性别、出生日期，教材的 ISBN、CIP、书名、作者、出版社）的变量，定义或使用时需要使用 self 做前缀。

42．模块（module）：包含若干函数、类、常量的 Python 程序文件。

43．包（package）：包含若干 Python 程序文件的文件夹，且其中有一个文件名为__init__.py。

44．内置模块（built-in module）：随同 Python 安装包一起安装，封装在 Python 解释器中，不存在独立的 Python 程序文件。

45．标准库（standard library）：随同 Python 安装包一起安装的 Python 程序文件，需要导入之后才能使用其中的对象，所有标准库对应的 Python 程序文件位于 Python 安装目录中的 Lib 子文件夹。

46．扩展库（extension package）：不随 Python 安装包一起安装，可以根据需要使用 pip 安装特定的扩展库，所有扩展库对应的文件默认位于 Python 安装目录中的 Lib\site-packages 子文件夹。

47．异常（exception）：代码运行时由于代码错误或某个条件临时不满足导致代码运行失败。

48．语法错误（syntax error）：存在语法错误的程序无法运行，如缩进错误、在 if 选择结构的条件表达式中误用单个等号、在变量后面误用++等。

49．逻辑错误（logical error）：程序可以运行但是结果不对。

附录 B　Python 编程常见问题与解答

1．问：Python 代码运行速度和 C 语言相比，哪个更快？

答：一般来说，Python 代码的运行速度比 C 语言的慢很多，但是如果充分运用内置函数、标准库对象和函数式编程模式的话，运行速度会提高很多，可以接近甚至超过 C 语言。

2．问：学习 Python 编程，用哪个开发环境更好一些呢？

答：目前来看，Anaconda3 和 PyCharm 用得相对来说多一些。

3．问：在哪里执行 pip 命令安装 Python 扩展库？为什么在 IDLE 中执行会提示语法错误呢？

答：应该在命令提示符环境执行，不是在 Python 开发环境中执行。并且，最好切换到 Python 安装目录中的 scripts 子目录中执行，在安装了多个 Python 版本时这一点非常重要。

4．问：为什么使用 pip 命令安装扩展库时提示“不是内部或外部命令，也不是可运行的程序或批处理文件”？

答：检查系统环境变量 path 是否包含 Python 的安装目录以及 scripts 子目录，如果不包含的话，添加进去，或者切换到 Python 安装目录的 scripts 子目录中执行 pip 命令。

5．问：使用 pip 安装扩展库总是提示网络超时，该怎么办呢？

答：可以下载安装包或 whl 文件离线安装，或者按照本书第 1 章的介绍指定国内源，不使用 pip 默认的国外源。

6．问：使用 pip 安装扩展库时失败，提示需要安装 VC++，该怎么办呢？

答：如果是 Windows 系统的话，可以使用浏览器打开 https://www.lfd.uci.edu/~gohlke/pythonlibs/下载合适版本的 whl 文件，然后离线安装。

7．问：我在 https://www.lfd.uci.edu/~gohlke/pythonlibs/下载的文件名太长了，为了打字方便就改成了很短的名字，结果不能用了，必须使用原来的文件名吗？

答：是的，不能修改文件名，必须保持原来的名字。

8．问：使用 pip 安装扩展库时，明明提示已经安装成功了，但是使用 import 导入时又提示没有安装该扩展库，为什么呢？

答：这样的情况一般是因为安装了多个 Python 版本。在一个版本下安装的扩展库不能在另一个版本中使用，需要分别进行安装。

9. 问：map 对象不支持下标吗？为什么使用下标访问其中的元素时提示“TypeError: 'map' object is not subscriptable”呢？

答：是的，map 对象、enumerate 对象、zip 对象、filter 对象、reversed 对象和生成器对象这些具有惰性求值特点的对象都不支持使用整数下标访问其中的元素。可以把这类对象转换为列表、元组来一次性获取其中的元素，或者使用 for 循环逐个遍历其中的元素。

10．问：访问列表中元素时，提示“IndexError: list index out of range”，这是什么原因呢？

答：应该是下标指定的位置不存在，检查下标是否有效。一个长度为 L 的列表，有效下标范围是[−L, L−1]。

11．问：在我的代码中 x 是一个列表，我使用 y=x.sort()语句把它排序后的结果赋值给 y，然后使用 y.index(3)查看 3 在 y 中的下标时，为什么会提示“AttributeError: 'NoneType' object has no attribute 'index'”呢？

答：列表的 sort()方法是原地排序，没有返回值。在 Python 中，没有返回值的方法和函数，都认为返回空值 None，而空值是没有 index()方法的。

12．问：我创建了一个集合，想在里面加入一个列表作为元素，结果提示“TypeError: unhashable type: 'list'”，这是什么意思呢？

答：在 Python 中，不可散列（unhashable）和可变的意思是一样的。整数、实数、复数、字符串、元组这些是不可变的，或者说是可散列的。而列表、字典、集合是可变的，或者说是不可散列的。字典的“键”和集合的元素都要求必须是不可变的，也就是可散列的。

13．问：我调用函数时提示“TypeError: f() missing 2 required positional arguments: 'a' and 'b'”，该怎么办呢？

答：调用函数时，位置参数的数量必须符合函数定义，如果函数要求接收 2 个位置参数，那么调用时也应传递 2 个位置实参。

14．问：运行代码时提示“SyntaxError: expected an indented block”，怎么解决呢？

答：Python 代码对缩进的要求非常严格，相同层次的代码必须具有同样的缩进量。

15．问：运行代码时提示“AttributeError: 'list' object has no attribute 'add'”，为什么呢？

答：列表对象没有 add()方法，集合才有 add()，仔细检查对象的类型。

16．问：我想删除元组当中的一个元素，提示“TypeError: 'tuple' object doesn't support item deletion”，是什么意思呢？

答：在 Python 中，元组和字符串这样的容器类对象是不可变的，不支持其中元素的增加、修改和删除操作，也不能修改元素的引用。

17．问：我想使用下标访问集合中的第一个元素，运行代码时提示“TypeError: 'set' object does not support indexing”，是因为集合不支持下标吗？

答：是的。Python 集合里面的元素是无序的，不能使用下标访问特定位置的元素。

18．问：我想使用切片操作修改列表中的部分元素，运行代码时提示“ValueError: attempt to assign sequence of size 1 to extended slice of size 3”，该怎么办呢？

答：使用切片操作修改列表中部分元素时，如果第三个数字 step 的值不等于 1，那么等号左侧的切片长度和等号右侧的列表长度必须一致。

19．问：已知 x 是一个字符，我想使用 x+1 得到下一个字符，为什么提示“TypeError: can only concatenate str (not "int") to str”呢？

答：Python 不支持字符和整数相加，如果想得到下一个字符，可以使用表达式 chr(ord(x)+1)。

20．问：运行代码时提示“NameError: name 'value' is not defined”，怎么办呢？

答：根据提示信息来看，是说变量 value 没定义。很可能是拼写错误，仔细检查变量是否拼写正确。

21．问：我的代码可以运行，但是结果不对，怎么办呢？

答：代码可以运行表示没有语法错误，不代表没有逻辑错误。遇到这种情况时，仔细检查代码的逻辑和问题的要求是否一致，是否把>写成>=了，或者忽略了 range()函数返回的是左闭右开区间了，是不是把运算符**写成*了，是不是代码缩进有错误。

22．问：明明记事本程序文件是存在的，为什么会提示“FileNotFoundError: [WinError 2] 系统找不到指定的文件。: 'C:\\Windows\notepad.exe'”呢？

答：在这个路径中，第二个反斜线和后面的字母 n 恰好组成转义字符\n，应该使用两个反斜线或者使用原始字符串。

23．问：访问文件时，提示“PermissionError: [WinError 5] 拒绝访问。: 'test.txt'”，怎么办呢？

答：应该是文件具有“只读”之类的特殊属性，或者当前登录的用户账号没有权限访问该文件。

24．问：我机器上明明是有 test.txt 这个文件的，为什么使用内置函数 open()打开时提示文件不存在呢？

答：如果文件 test.txt 不在当前文件夹中，在打开或读写时必须指定完整路径。

25．问：从“资源管理器”来看，我当前文件夹中明明有 test.txt 文件，但是使用内置函数 open()打开时还是提示文件不存在，可能是哪里错了呢？

答：默认情况下，“资源管理器”会隐藏一些常见类型文件的扩展名，去掉这个隐藏，检查一下文件的名字是不是 test.txt.txt。

26．问：运行代码读取文本文件内容时，提示“UnicodeDecodeError: 'utf-8' codec can't decode byte 0xb5 in position 0: invalid start byte”，是什么错误呢？

答：如果文件中包含中文字符，应使用正确的编码格式打开，也就是明确使用内置函数 open()的 encoding 参数指定编码格式。如果不知道文件采用什么编码格式，可以使用记事本打开之后使用“另存为”功能保存成特定的编码格式。

27．问：我已经使用“pip install docx”命令安装了扩展库 docx，为什么无法运行书上的代码操作 Word 文件呢？

答：操作 Word 文件的扩展库名字叫 python-docx，不是 docx。另外要注意，扩展库 python-docx 只能操作 Word 2007 或更新版本的文档，不能处理 Word 2003 之前的文档。

28．问：使用 open()函数打开文件往里写入内容时，提示“TypeError: write() argument must be str, not bytes”，是什么原因呢？

答：如果要写入文本文件的话，可以使用'w'模式；如果写入二进制文件的话，应该使用'wb'模式。

29．问：使用内置函数 open()打开文件之后，只能按照顺序从前往后读取内容吗？

答：也不是，如果需要读取前面已经读取过的内容，可以使用文件对象的 seek()方法修改文件指针的位置。

30．问：我用字符串方法 startwith()测试一个字符串是否以另一个字符串为前缀，怎么会提示“AttributeError: 'str' object has no attribute 'startwith'”这样的错误呢？

答：字符串没有 startwith()方法，应该是 startswith()。同理，也没有 endwith()方法，而是 endswith()。

31．问：表达式{1, 2, 3}<{1, 2, 4}的值怎么会是 False 呢？

答：关系运算符作用于集合时，表示集合之间的包含关系。对于集合 A 和 B，只有 A 是 B 的真子集时，A<B 的值才是 True。

32．问：两个列表是怎么比较大小的呢？

答：列表比较大小时，是从前往后依次比较其中的每个元素，直到得到明确的结论为止。以[1, 2, 3]和[1, 2, 4]为例，第一个元素相等，第二个元素也相等，第三个元素 3<4，所以[1, 2, 3]<[1, 2, 4]。以[1, 2, 3, 4]和[1, 2, 3]为例，两个列表中前三个元素是相等的，但第一个列表中还有多余的元素，所以[1, 2, 3, 4]>[1, 2, 3]。以[4, 2, 1]和[3, 5, 1]为例，第一个元素 4>3，此时可以直接得出结论[4, 2, 1]>[3, 5, 1]，后面的元素不再比较。元组和字符串也使用同样的方式比较大小。

33．问：程序中有个 map 对象，第一次使用是正常的，但是再使用时好像里面就没有元素了，这是怎么回事呢？

答：map 对象、enumerate 对象、zip 对象、filter 对象、reversed 对象和生成器对象这些具有惰性求值特点的对象，其中的元素只能使用一次，访问过的元素无法再次访问。

34．问：在 IDLE 中运行程序，提示错误“UnicodeEncodeError: 'UCS-2' codec can't encode characters in position 96-96: Non-BMP character not supported in Tk”，但是代码怎么检查都是对的，怎么办呢？

答：IDLE 中有些字符无法正常输出，换个开发环境，或者在命令提示符环境中运行程序就可以了。

附录 C　Python 关键字清单

任何编程语言都提供了大量关键字来表达特定的含义，Python 也不例外。关键字只允许用来表达特定的语义，不允许通过任何方式改变它们的含义，不能用来做变量名、函数名或类名等标识符。

在 Python 开发环境中导入模块 keyword 之后，可以使用 print(keyword.kwlist)查看所有关键字，其含义如表 C-1 所示。

表 C-1　Python 关键字含义

关键字	含　义
False	常量，逻辑假
None	常量，空值
True	常量，逻辑真
and	“逻辑与”运算
as	在 import、except 或 with 语句中给对象起别名
assert	断言，用来确认某个条件必须满足，可用来帮助调试程序
break	用在循环中，提前结束所在层次的循环
class	用来定义类
continue	用在循环中，提前结束本次循环
def	用来定义函数
del	用来删除对象或对象成员
elif	用在选择结构中，表示 else if 的意思
else	可以用在选择结构、循环结构和异常处理结构中
except	用在异常处理结构中，用来捕获特定类型的异常
finally	用在异常处理结构中，用来表示不论是否发生异常都会执行的代码
for	构造 for 循环，用来迭代序列或可迭代对象中的所有元素
from	明确指定从哪个模块中导入什么对象，如 from math import sin，还可用于 yield from 表达式
global	定义或声明全局变量
if	用在选择结构中
import	用来导入模块或模块中的对象
in	成员测试
is	同一性测试
lambda	用来定义 lambda 表达式，类似于函数
nonlocal	用来声明 nonlocal 变量
not	“逻辑非”运算
or	“逻辑或”运算
pass	空语句，执行该语句什么都不做，常用作占位符，比如有的地方从语法上需要一个语句但并不需要做什么
raise	用来显式抛出异常
return	在函数中用来返回值，如果没有指定返回值，默认返回空值 None
try	在异常处理结构中用来限定可能会引发异常的代码块
while	用来构造 while 循环结构，只要条件表达式等价于 True 就重复执行限定的代码块
with	上下文管理，具有自动管理资源的功能
yield	在生成器函数中用来返回值

附录 D 常用 Python 内置模块与标准库清单

Python 通过标准库提供了大量对象，通过这些对象提供了不同领域的基本操作，下面列出了其中比较常用的一部分。

（1）数学、统计、随机化：math、decimal、fractions、statistics、random。

（2）字符串、正则表达式：string、re。

（3）系统运维：sys、os、os.path、shutil、platform、ctypes。

（4）更多数据类型：collections、heapq、queue、array、enum。

（5）迭代器、函数式编程、运算符：itertools、functools、operator。

（6）日期、时间：datetime、time、calendar。

（7）序列化、数据库、文件操作：json、pickle、struct、shelve、marshal、sqlite3、zipfile、tarfile、gzip、csv。

（8）多线程、多进程、异步编程：threading、multiprocessing、subprocess、asyncio、concurrent。

（9）网络开发：socket、urllib、http、smtplib、ftplib、poplib、email、ssl。

（10）图形用户界面：tkinter、turtle。

（11）代码调试与测试：pdb、timeit、unittest、doctest。

（12）安全散列：hashlib、zlib、hmac。

附录 E 常用 Python 扩展库清单

可以说，涉及各领域的广泛应用的扩展库是 Python 生命力如此之强的重要因素。目前，pypi.python.org 已经发布超过 43 万个扩展库项目，这些扩展库几乎涵盖了人类所涉及的方方面面，并且功能更完善更强大的扩展库还在不断地涌现。

（1）图形、图像、游戏领域：Pillow、PyOpenCV、PyOpenGL、PyGame。

（2）数据分析、科学计算、可视化：Pandas、NumPy、SciPy、Matplotlib、seaborn、pyecharts。

（3）机器学习、并行处理、GPU 加速：PyCuda、PyOpenCL、theano、scikit-learn、NumbaPro、pySpark、tensorflow。

（4）密码学：pycryptodome、rsa。

（5）网页设计：Django、Flask、web2py、Pyramid、Bottle。

（6）GUI 开发：wxPython、kivy、PyQt、PyGtk、Page for Python。

（7）自然语言处理：jieba、PyPinyin、chardet、NLTK、fastHan。

（8）系统运维：psutil、PyWin32。

（9）网络爬虫：Scrapy、BeautifulSoup4、mechanicalsoup、Selenium、requests。

（10）数据库接口：pymssql、pyodbc、MySQLdb、PyMongo、cx_Oracle。

（11）软件分析、逆向工程：idaPython、Immunity Debugger、Paimei、ropper。

（12）打包与发布：py2exe、Pyinstaller、cx_Freeze、py2app、Nuitka。

（13）Word 文件操作：python-docx。

（14）Excel 文件操作：openpyxl。

（15）PowerPoint 文件操作：python-pptx。

参 考 文 献

[1] 董付国. Python 程序设计[M]. 3 版. 北京：清华大学出版社，2020.

[2] 董付国. Python 可以这样学[M]. 北京：清华大学出版社，2017.

[3] 董付国. Python 程序设计开发宝典[M]. 北京：清华大学出版社，2017.

[4] 董付国，应根球. 中学生可以这样学 Python[M]. 北京：清华大学出版社，2020.

[5] 董付国. Python 也可以这样学[M]. 台北：博硕文化股份有限公司，2017.

[6] 董付国. Python 程序设计基础[M]. 3 版. 北京：清华大学出版社，2022.

[7] 董付国. 玩转 Python 轻松过二级[M]. 北京：清华大学出版社，2018.

[8] 董付国. Python 程序设计基础与应用[M]. 2 版. 北京：机械工业出版社，2022.

[9] 董付国. Python 程序设计实验指导书[M]. 北京：清华大学出版社，2019.

[10] 董付国，应根球. Python 编程基础与案例集锦：中学版[M]. 北京：电子工业出版社，2019.

[11] 董付国. Python 网络程序设计[M]. 北京：清华大学出版社，2021.

[12] 董付国. Python 程序设计实例教程[M]. 2 版. 北京：机械工业出版社，2023.

[13] 董付国. Python 程序设计与数据采集[M]. 北京：人民邮电出版社，2023.

[14] 董付国. Python 数据分析与数据可视化[M]. 北京：清华大学出版社，2023.